（Photoshop CC 通用版）

Adobe Camera Raw

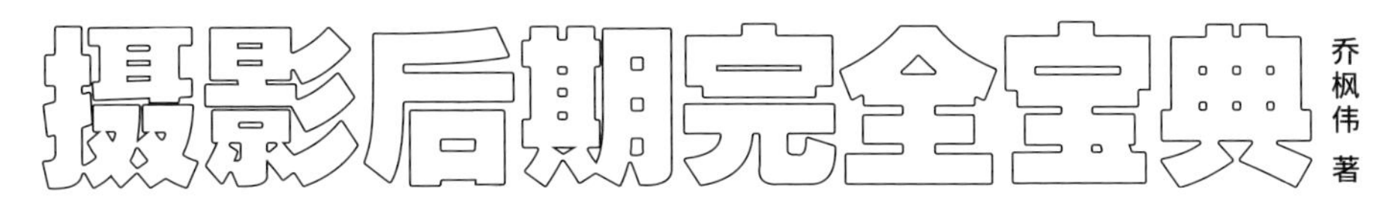

乔枫伟 著

人民邮电出版社
北京

图书在版编目（CIP）数据

Adobe Camera Raw摄影后期完全宝典 : Photoshop CC通用版 / 乔枫伟著. -- 北京 : 人民邮电出版社, 2017.11 (2017.11重印)
ISBN 978-7-115-46467-5

Ⅰ. ①A… Ⅱ. ①乔… Ⅲ. ①图象处理软件 Ⅳ. ①TP391.41

中国版本图书馆CIP数据核字(2017)第199279号

内 容 提 要

本书对目前摄影爱好者和职业摄影师用来进行数码照片后期制作最多的Photoshop插件之一——Adobe Camera Raw所有的功能进行了系统的梳理和介绍，并结合实例进行讲解，兼具实用性和指导性，语言简洁，通俗易懂，图文并茂。很多人觉得处理照片必须使用Photoshop，作者通过这本书告诉大家，绝大部分照片处理操作都可以在Adobe Camera Raw中完成，不仅是影调和颜色调整，还包括极为精细的局部调整和全景拼接等合成操作。全书共14章，讲述了Adobe Camera Raw处理照片前应该注意的事项，Adobe Camera Raw中最基本的操作，曲线的应用技巧，锐化照片与降低噪点的操作技巧，局部处理技巧，消灭镜头缺陷和角度限制的操作，利用效果面板表现创意思维的方法、相机校准的使用等，特别解说了转变处理照片思维对局部进行处理的知识，利用预设和快照提高处理效率的方法，用Adobe Camera Raw拼合照片、拼接全景图、合成HDR的方式，最后则是本书综合应用的8个实例。本书所讲解的内容几乎涵盖了Adobe Camera Raw每一个细节的设置，不仅讲解功能的原理，并且配有实例和例图，让读者理解如何运用这些功能。

本书是为摄影后期初学者度身打造的一本数码摄影后期处理图书，适合数码摄影后期初学者和摄影爱好者学习参考。

◆ 著　　　乔枫伟
　责任编辑　胡　岩
　责任印制　周昇亮
◆ 人民邮电出版社出版发行　　北京市丰台区成寿寺路 11 号
　邮编　100164　　电子邮件　315@ptpress.com.cn
　网址　http://www.ptpress.com.cn
　北京东方宝隆印刷有限公司印刷
◆ 开本：690×970　1/16
　印张：12.5　　　　2017 年 11 月第 1 版
　字数：387 千字　　2017 年 11 月北京第 2 次印刷

定价：69.00 元

读者服务热线：(010)81055296　印装质量热线：(010)81055316
反盗版热线：(010)81055315
广告经营许可证：京东工商广登字 20170147 号

INTRODUCTION 前言

接触摄影 10 余年，手里的相机从胶片到数码，对后期处理的态度从观望尝试到完全离不开，我终于鼓起勇气写一本关于后期处理的书。和 10 年前的很多摄影爱好者一样，用了几年胶片相机的我，在大学期间购买了自己第一台数码相机，开始购买各种摄影杂志，泡论坛，追器材，讨论后期。

2006 年的时候，摄影界早已经不再讨论数码还是胶片、尼康还是佳能，那时候最热的话题是要不要后期处理。现在已经无人再去讨论这个问题，从 HDR 到堆栈星轨，从磨皮到全景合成，已经成了摄影爱好者耳熟能详的词汇。无论是严谨复杂的 Photoshop，还是一键瘦脸的手机 App，所有人都在享受“影像后期”带来的快乐，在这个“后影像”时代里，没有人再去怀疑后期处理的合理性，大家更在乎的是更本质的问题：“我分享出去的照片是否够好？我的创意和观念是否灌输到照片中？”于是我开始研究后期处理，阅读了海量的书籍和教程。那时候，“RAW”还是一个高级词汇，远没有今天这样普及。

RAW，一种实用的情怀。

有人说胶片是情怀，其实没用过胶片相机的人并不以为然。对于数码影像创作者，RAW 就是一种情怀。这情怀不是一句空谈，它能实实在在地带来好处！在数码相机兴起初期，RAW 格式文件并不被人重视，摄影师会用相机自带的软件进行转换和处理。绝大多数人并不明白“RAW”背后的意义。

RAW 格式文件并不是照片，它是在摄影师按快门按钮的一刹那，相机采集到的所有信息的数据包，将这个数据包解码、压缩、应用机内设置，才能得到照片——JPEG 格式照片。不明就里的人认为 RAW 格式文件处理麻烦，而且直接转换不如 JPEG 格式照片通透、鲜艳。我拿做饭比喻一下：JPEG 是相机烹饪（处理）好的快餐，顶多可以选择“多辣”“少盐”（机内设置），而 RAW 则是原始的食材，你想怎样做都可以，但能否做得可口，就要看你的厨艺了！用 JPEG 格式文件做后期处理，无异于快餐回锅，能好吃吗？

RAW 格式文件跟 JPEG 相比，最大的优点在于高动态范围，也就是俗称的曝光过度、曝光不足了能拉回来。它能比 JPEG 文件记录更多高光、阴影的细节，而且色彩信息、明暗过渡、质感还原都更胜一筹。面对如此鲜活的“食材”，我写这本书的目的就是把读者培养成一名优秀的“厨师”。

ACR，释放数码影像的洪荒之力。

2011 年，我来到《影像视觉》杂志做编辑，其中主要负责“数码暗房”板块。做了几年的后期栏目，跟很多摄影爱好者交流后，我发现摄影爱好者并不需要通晓图层蒙版，或者每天进行拼接合成，绝大部分人都希望把自己拍的照片调整到满意即可。Photoshop 是一款强大的软件，但是如同很多人用相机的 Auto 挡拍照一样，复杂的操作不适合每个人。有没有一款软件，既操作简单，功能强大，又效果专业呢？这个时候，我开始重视 Adobe Camera Raw（以下简称 ACR）。

作为 Photoshop 的创造者，Adobe 公司在 21 世纪初就开始重视 RAW 格式文件，Photoshop 创始人 Thomas Knoll 带领团队研发了 ACR，这款插件已经有十几年历史了！作为 Photoshop 配套的插件，其主要功能是进行解码和处理 RAW 格式文件。

前言 INTRODUCTION

在这十几年里，ACR 一直在进化，经历了 3 次飞跃式的升级，才变成了今天的样子。它的进化不仅表现在算法上，也在思维上。当 2003 版本 ACR 刚刚出现的时候，人们的思维还停留在胶片的“暗房”处理上，也就是调整曝光等简单操作，并没有展现出 RAW 格式的真正实力。到了 2010 版本，很多人已经意识到了数码后期和胶片后期几乎是两个维度的事情，所以对于算法有所提升。到了 2012 版本，也就是 ACR 7.0 版本的升级，使这款软件的算法的滑块更加符合数码摄影的需求，这时候 RAW 格式照片才真的如同脱缰野马，开始释放它在动态范围和调整空间上的能力。当然，新版软件更新还包括支持更多品牌相机的 RAW 格式文件及更多镜头的文件等，ACR 将会丰富自己的羽翼，让用户乘着它展翅高飞！

这就是为什么我一再强调要拍摄 RAW 格式的照片。即使用原来的版本调整出来的照片并不理想，但是几年之后算法更新，依然可以使用最新软件进行调整。最重要的是，相机在进化，ACR 在进化，人们处理照片的水平和思想也在进化。虽然算法一直在提升，功能一直在丰富，但 ACR 的操作一直都非常简单。摄影爱好者可以快速上手，轻松有效地调整照片。现在我调整单张照片时，大多数情况无需进入 Photoshop，直接在 ACR 中调整，然后保存导出即可。

学习，没有捷径。

身边很多摄影爱好者、专业摄影师和编辑同行都催我出书，我迟迟没有动笔。在本书的写作过程中，经历了 ACR 的六七次升级，我把所有新功能都整合进去了。介绍数码后期处理的书铺天盖地，从玄乎的理论讲解，到撸袖子就干的“修图几百例”，我一直在思索如何写后期处理才能让读者把知识真正消化，实例罗列并不能让读者明白“为什么”，所以我决定写一部“ACR 字典”。

经过了无数的尝试，我终于明白后期处理没有捷径可言，没有人能用几小时就全面掌握一款功能庞大的软件。回看自己学习后期处理的道路，我决定刨去自己走的所有弯路，留下最有用的干货，从最基础的功能开始，用最细致的方式呈现。最开始，我把文章写在自己的微信公众平台上，受到了很多读者的欢迎和鼓励，我用了 4 个多月的时间把文字写完，然后又用了相同的时间，重新编辑文字、制作高精度截图、订正错误。这期间很多专家、朋友、学员和粉丝都鼓励我坚持下去，于是就有了本书。，如果没统计错，本书应该是国内外第一个 ACR 功能的全系列介绍，几乎覆盖了 ACR 每一个细枝末节的设置，不仅讲解功能的原理，并且配有实例和例图，让读者明白何时该用，以及怎样用这些功能。

作为摄影培训和教育工作者，我内心最害怕的事就是摄影爱好者死记硬背。摄影不是广播体操，而是比武大会。这本书教授了招式，但是怎样去打，对待什么对手要用什么方法、什么分寸，读者需要自己去判断和把握。

现在，开始吧！

乔枫伟

关注乔枫伟的公众号，请扫描二维码

CONTENTS 目录

第 1 章 处理前须知

第 2 章 基础操作

第 3 章 明暗与色调

第 4 章 让曲线飞扬

目录

CONTENTS 目录

第 11 章 精细的局部处理

第 12 章 加快处理的脚步

第 13 章 照片合成

第 14 章 Adobe Camera Raw 综合应用实例

第 1 章

处理前须知

处理照片之前，先要做个“热身运动”。

在处理照片之前，要有足够的理论基础，在处理时才能事半功倍。同时，需要设置一些参数，虽然这些参数不直接参与修图，但是它们的设置也极其重要。有些选项还起到承上启下的作用，当需要在 Photoshop 中打开，或者是分享的时候，这些参数的设置都十分关键。

1.1 RAW 格式文件

了解所拍的照片吗？

ACR 是用来处理 RAW 格式文件的，所以本书第一个话题就是：RAW 格式文件是什么。我尽量避免枯燥的说教，以尽量简单的问答形式，为大家普及 RAW 格式文件的知识。这些知识是照片后期处理的必要前提，不能绕开哦！

RAW 格式文件是怎样诞生的？

RAW 译为“原料”。当按下相机快门按钮，光线通过镜头照射到感光元件上，感光元件接收信息，将其转换为影像数据的电子信号——这些最原始的第一手数据就是 RAW 格式文件。这些信号经过压缩，并应用了相机内的设置，才有了 JPEG 文件。顺带说一下，JPEG 是什么意思？它是联合图像专家组（Joint Photographic Experts Group）的缩写。

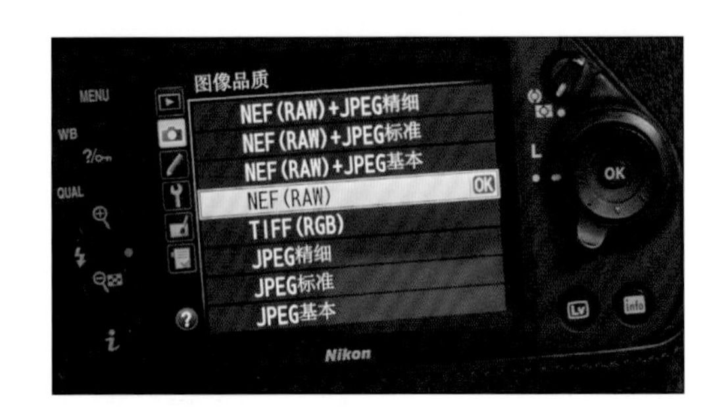

怎样拍摄出 RAW 格式文件？

无论是单反，还是微单（现在还有人用卡片机吗？），几乎所有相机都可以设置拍摄格式。可以进入 MENU 菜单，将拍摄格式设置为“RAW”，如果想同时得到两种格式，也可以设置为“RAW+JPEG”，这样每按一次快门按钮，相机会同时记录一张 RAW 格式和一张 JPEG 格式照片。

和 JPEG 格式相比，RAW 格式有什么好处？

RAW 格式文件最大的优点在于它比 JPEG 文件保存了更多的高光、暗调细节，白平衡控制也更自如。和 JPEG 格式文件相比，RAW 格式包含更多的额外信息，所以在记录反差较高的场景时更加游刃有余，而且后期的降噪、锐化效果也会更好。

使用 RAW 格式拍摄，还能在拍摄之后任意改变照片的白平衡设置。请注意：是任意！任意！而照片细节没有任何损失。当然，RAW 格式还有一个杀手锏：无损！无法修改RAW 格式文件本身，只能另存为或者导出。所以操作的时候，可以永远保留着照片的原始信息，不必担心丢失文件。

RAW 格式文件是无损的，它是无损压缩的吗？

请注意，上面所说的“无损”是指操作的无损，而原文件呢？RAW 格式文件有无损和有损两种。这个用户无法选择，是相机厂家内定的，例如尼康的 .NEF 文件就是压缩过的，不过即便是压缩的 RAW 格式文件， 也比 JPEG 格式文件的信息多得多。所有的 JPEG 文件都应用了有损压缩操作。

NEF 文件也是 RAW 格式文件？这类文件的后缀名不一样吗？

RAW 格式没有统一的文件后缀名，比如佳能是 .CR2，尼康是 .NEF，等等，因为不同厂家相机的处理器不一样，算法也不尽相同。在这个“群雄混战”的局面中，有一种格式异常显眼：DNG 格式。说它显眼，并不是因为徕卡相机中用它，而是因为这是由 Adobe 开发的 RAW 文件格式，可供任意数码相机制造商选用——当然，尼康、佳能这些厂家没有选它。

为什么不能浏览 RAW 格式文件？

RAW 格式文件不能用普通的图像浏览软件查看，因为它是一个数据包文件，而非图像文件。用文字来举个例子，JPEG 格式就好比一段简明扼要的文章简介；RAW 格式则是一片文字打乱的文章，普通的浏览软件没法为这些文字排序，也就无法用来浏览文件。

RAW 格式文件要用什么软件打开和编辑？

首先就是厂家随相机附赠的软件可以解码 RAW 格式文件，但是这类软件的兼容性（有些软件只能解码这种型号相机的文件）、操控性、处理效果和速度都没法让用户满意。其次就是 Apple Aperture、Capture One 等专业软件，这些软件的问题是比较小众，虽然功能强大，但是不易上手。最后一类，就是 Adobe 系列。

Adobe 的 Lightroom 以及同样内核的 ACR 都是解码、编辑 Raw 格式文件的高手。Adobe 的软件用户体验良好，效果和运算速度令人满意，且普及度极高。如果需要精修一张照片，我习惯使用 ACR 配合 Photoshop 的方式进行，此时可以配合 Adobe Bridge 浏览照片和打开。而需要批量处理大量文件时，可以使用 Lightroom，它的操作跟本书所讲的 ACR 十分相似。

相机里可以设置 RAW 格式的“bit”或“位”，这是什么东西？

每张照片均由从黑到白之间的不同影调组成，“位”表示黑白之间影调范围的多少，位越大影调就越丰富。一般有 8 位、12 位、14 位和 16 位四种。所有的 JPEG 格式文件都是 8 位图像文件，因此在黑白之间只包含 256 级影调变化。

而 RAW 格式文件大多为 12 位或 14 位，在黑白之间至少包含 4 096 级影调变化。因此，RAW 格式文件提供了更加丰富的影调，在进行极端的操作——大幅度提亮、压暗、更改色温等——时也不会出现画质下降问题，这在修复曝光不足的照片时尤为明显。值得注意的是，因 Photoshop 不能直接编辑 12 位或 14 位文件，相机在输出 RAW 格式时，均提供了 8 位和 16 位两种选择。这在 1.7 节中会详细讲解。

1.2 ACR 的版本和界面

要学习软件，首先得有这个软件！

拿起手里的相机，把照片格式调整为 RAW。现在来初步了解一下 RAW 格式文件处理的利器——ACR 软件的本尊。本节将讲解 ACR 的下载、版本和界面。

怎样安装 ACR，以及如何升级？

ACR 是 Photoshop 的插件，所以要使用 ACR，首先要有 Photoshop。推荐的版本是 Photoshop CC，正版的 Photoshop 是自带 ACR 的，无需单独安装，可以直接在 Adobe 的官网上下载 Creative Cloud 软件，然后在其中的 Apps 界面下载 Photoshop 软件，系统会自动安装。在购买之前，你将得到 1 个月的试用版，之后可以购买软件继续使用，在这个过程中，通过软件进行检测更新，可以自动更新到最新的 ACR。

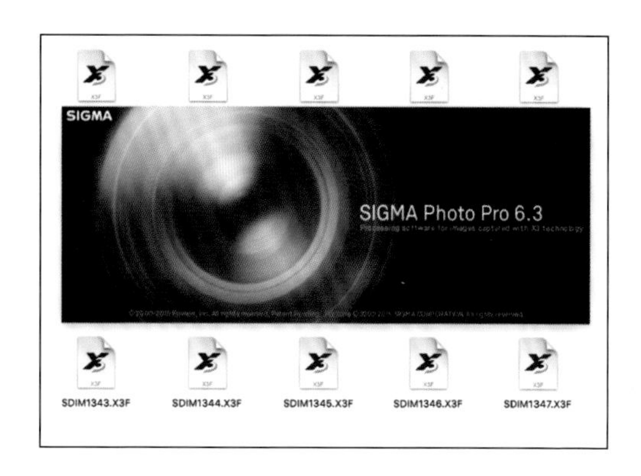

ACR 是什么相机的 RAW 格式文件都能打开吗？

很遗憾，不是的！ACR 可以解码大部分相机的 RAW 格式文件，但是有两种情况 ACR 爱莫能助。

第一，刚刚发布的相机中，相机厂商在生产新款相机的同时也会改进自己的 RAW 格式文件算法，所以造成了与 ACR 之间的不兼容。比如在奥林巴斯刚刚发布 PEN F 的时候，我第一批拿到相机，但是那时候的 ACR 无法解码其 RAW 格式文件。在大约一个月之后，ACR 更新就解决了这个问题。

第二，相机的 RAW 格式文件过于特立独行，比如适马的 .X3F 文件。适马独特的传感器导致它的成像原理很特别，和其他相机不同，所以 ACR 无法解码适马所有相机的文件。使用这些相机时，建议使用厂家附送的软件进行后期处理，如果习惯使用 Photoshop，也可以将照片转化为 TIFF 格式，再进入 ACR 和 Photoshop。

如果没有最新的 ACR，但是别人的高版本 ACR 能将照片打开，可以找朋友把照片转化成 .DNG 格式，然后就可以用低版本 ACR 打开了。

DNG 格式还能这样用？

DNG 格式文件虽然没有被很多相机厂家采用，但也没受到冷落。在 ACR 中，可以将任意 RAW 格式的文件转存为 DNG 格式，在我提供的下载照片中可以找到这类文件。ACR 是有版本之分的，老版本的 ACR 因为解码器没有更新，无法打开新相机拍摄的 RAW 格式文件，而 DNG 格式的优点就是：它可以在非常古老的 ACR 版本中打开，而不妨碍操作。

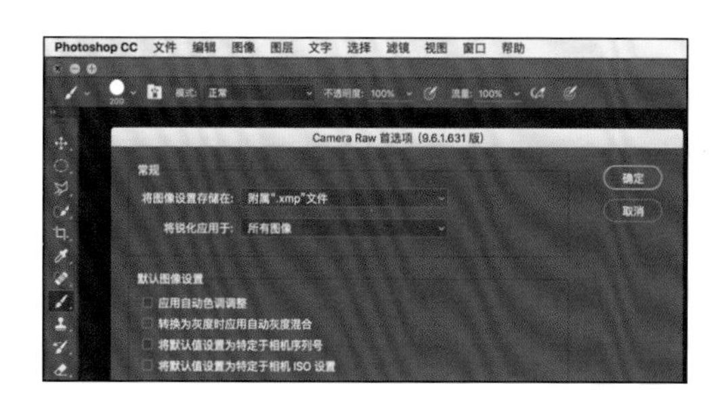

使用最新版本的 ACR

至关重要！虽然有保底的 DNG 格式，但是强烈建议保持最新的 ACR。新的 ACR 可以解码新款相机的 RAW 格式文件，同时还会有新功能，算法也会更新，让处理效果更出色，比如人们熟知的“去雾霾”功能，低版本的 ACR 中就没有。而且新版的 ACR 中还会添加最新的镜头信息，用于校正透视和畸变。要看 ACR 的版本很简单，在首选项（见 1.6 节）的界面顶部、ACR 软件的顶部都可以查看，比如这里用来演示的 ACR 版本是 9.6.1。

看来无论什么相机，都可以用到 ACR。这软件上手容易吗？

先来介绍一下ACR的面板，初步了解这款软件的功能分布，从而可以在之后的教程里快速找到功能的位置。ACR 有两个主要的区域：左上的工具栏和右侧的面板栏。这两个区域蕴含着大量的调整选项。

工具栏中提供了最基础的放大镜、抓手工具——用来观察照片；剪裁、拉直、变换工具——用来构图；污点去除、滤镜和调整画笔——用来局部处理，这些都需要手动调整。在右侧的面板栏则以滑块为主，能对照片的整体、局部进行处理，处理范畴包括了亮度、颜色、色调、锐度、降噪等，极为全面。其中包括基本、色调曲线、细节、HSL/ 灰度等，在阅读本书以后，希望读者会对这些名称如数家珍，并且运用自如。如果一次打开多张照片，界面左侧还会出现 Filmstrip，可以显示多张照片，这里还有 HDR 和全景合成等功能。这款插件使用得当，甚至能取代 Photoshop 的地位，在 ACR 中完成大部分照片处理工作。

1.3 处理照片有逻辑

处理照片有套路，按照逻辑更顺畅

当拿到一张照片，并在软件里将它打开后，也许你大脑一片空白，只有一个声音在回荡：该从哪里入手？在处理照片的时候，我们经常强调“流程”，也就是应该按照什么顺序进行处理。有人会说“必须”如何，不要太在意这些说法。因为 ACR 中所有的操作都是可逆的——先调整什么、后调整什么都不会对画面造成数据丢失，即便是剪裁、曝光过度了等都没有关系，都可以随时调整回来。不可否认，处理照片需要长期的后期经验和大量的照片浏览量，但是作为初学者，遵循一些简单的套路，可以快速上手。这里就为初出茅庐的读者介绍一下处理照片的顺序。

ACR 中绝大多数操作都是通过滑块来进行的，只要把数值调整回来，就可以恢复参数了，所以操作都是无损的。

给初学者的建议

无损操作让这个“流程”变得不那么重要（有些操作实际上依然需要顺序，比如降噪等），但是仍要有一套自己处理照片的逻辑，这样才能有的放矢地修图，不会落下某一项设置。

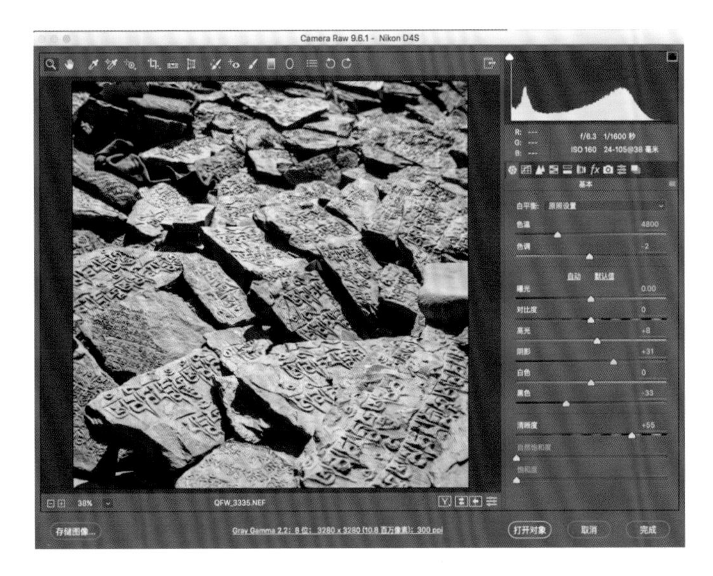

如果是初学者，建议按照 ACR 软件的布局来处理照片。这次先来概括一下 ACR 修图的具体流程，之后会详细讲解每一个功能的操作。

初步调整：观察照片，然后进行白平衡、构图修正。在工具栏前部，提供了校正白平衡和剪裁工具。

基础调整：在基本面板调整色调、明暗和色彩表现。此处的滑块可以用来精细控制曝光和色调。

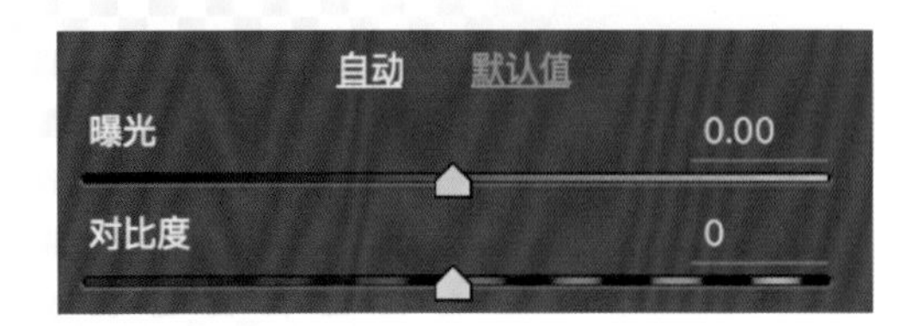

全局调整：切换面板，进行更多处理。这里有很多面板，可进行曲线调整、降噪锐化、镜头校正等处理。

局部调整：回到工具栏，利用这后半部分的工具可以修复瑕疵、局部调整、添加滤镜。

后续处理：然后可以将照片在 Photoshop 中打开继续处理，或者是直接保存。

小提示

1. 照片对比

在较高版本的 ACR 中，照片右下角会出现这 4 个按钮，可以用来进行照片处理前后的对比，还能进行单独面板的效果对比。把鼠标指针挪动到按钮上不动，就可以看到该按钮的功能介绍和切换的快捷键，方便观看处理的效果。

2. 视图切换

利用照片右上角的这个按钮，可以切换窗口和全屏模式，从而可以获得更大的修图空间。我使用 24 寸外置显示器，所以一般都不使用全屏模式。

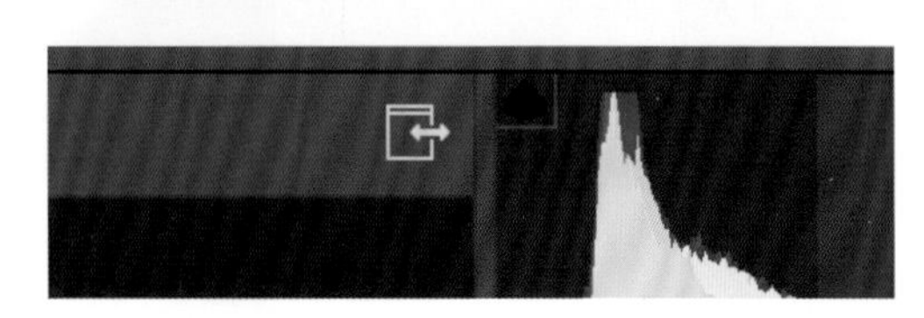

1.4 掌控照片信息

运筹帷幄之中，决胜千里之外

在讲解处理照片功能之前，先来看看 ACR 的界面上有什么信息。这些信息能指导处理照片的方向，并为作出判断提供有力依据。

相机型号

在 ACR 的界面上，还可以找到更多信息，比如照片使用的相机、照片参数和科学的曝光情况等。

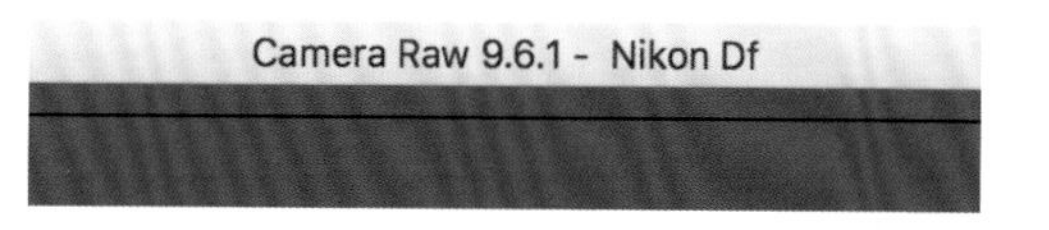

在界面顶端，可以看到目前 ACR 的版本，以及拍摄照片的相机型号。

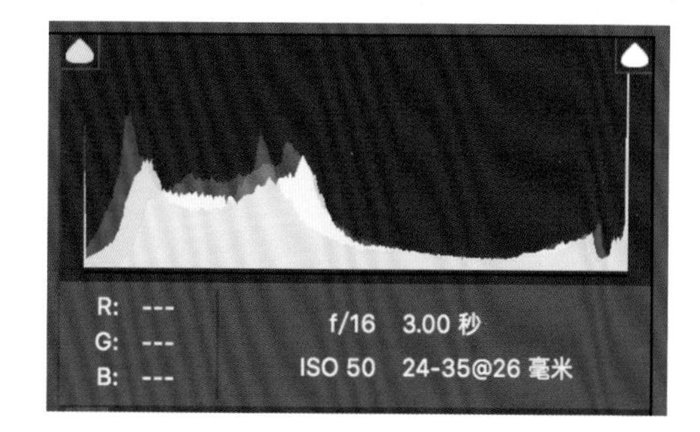

初识直方图

在界面的右侧可以看到直方图，它反应的是照片的曝光情况，可以告诉摄影师照片哪里曝光不足，哪里曝光过度。

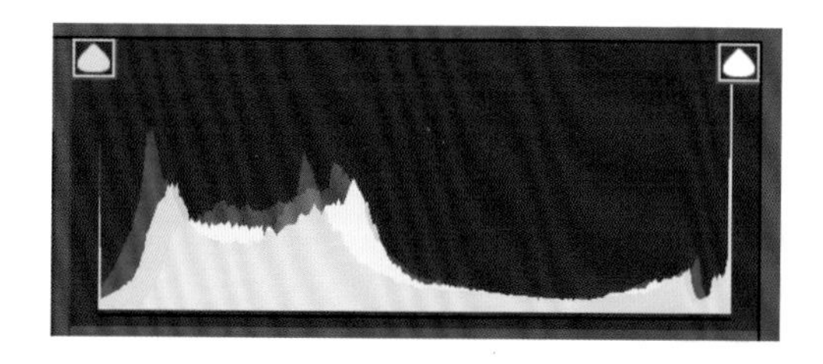

识别曝光过度和曝光不足

有一些微小的曝光问题用肉眼看不出来，这时就需要使用直方图上方的两个小三角形——曝光剪切警告按钮。单击该按钮，按钮出现白边，说明它被开启了。

开启曝光剪切警告按钮后，画面中曝光过度的区域会以红色高亮显示

而曝光不足区域则会以蓝色高亮显示

这时候就可以在调整的时候，通过观察红色、蓝色区域是否消失，来判断曝光情况了。通常在处理的时候，有一点曝光过度和曝光不足是可以接受的，并不需要让画面曝光“完美”。因为评判一张照片的好坏并非是曝光是否准确，而是照片是否好看。

R: 255
G: 255
B: 255
f/16 3.00 秒
ISO 50 24-35@26 毫米

数字信息

再来看看直方图，这下面还有很多信息。

右侧：照片的参数

这张照片，用了 26mm 的焦距、感光度 ISO 50、光圈 f/16 和 3s 的快门速度，在看照片的时候，我要着重观察照片焦点清晰、是否因为快门速度过慢导致模糊，而无需在意噪点问题。如果照片的感光度很高，那我自然会重点看噪点表现。

左侧：RGB 信息。

当把鼠标指针移动到照片上的时候，这里的 RGB 会出现数值。用数码相机拍摄的照片，都是由红色（Red）、绿色（Green）和蓝色（Blue）组成的，各种颜色通过不同明暗配比，就能呈现出千百种色彩。

要记住：RGB 最高数值都是 255 时，就是纯白（曝光过度）；都是 0 的时候，则是纯黑（曝光不足）。如果白平衡极为准确，则在画面的中灰区域，三个数值相等（实际操作中，达到差不多即可）。

所以，RGB 对于调整照片的曝光和色调都有非常大的参考价值。

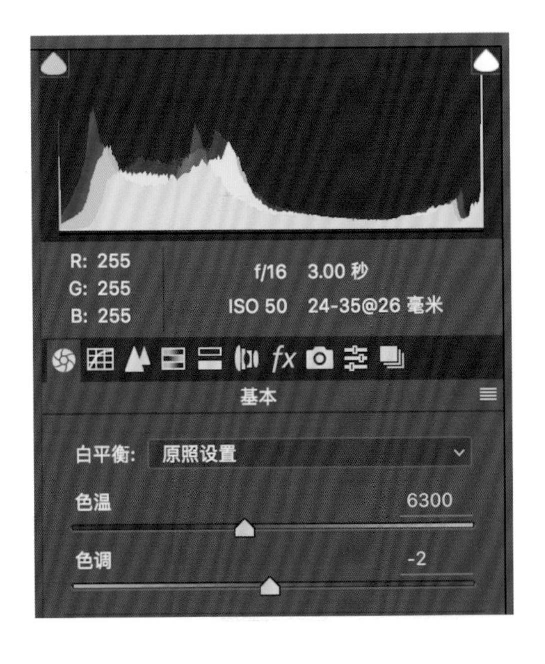

1.5 读懂直方图

工具概述

位置：ACR 面板右上角
功能：查看和调整照片曝光
难度：★★★★☆

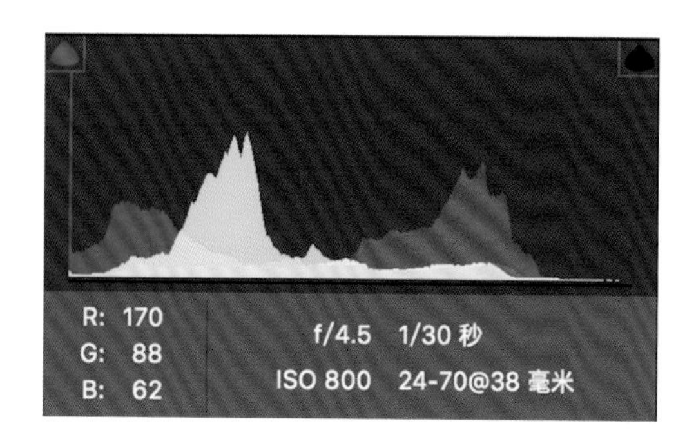

在相机回放照片的时候，可以显示直方图，Photoshop、Lightroom、Adobe Camera Raw 中也都有这个东西，很多手机软件也都加入了该功能。这个直方图到底是什么，让它变得如此重要？接下来就来详细说明。

功能详解

1. 直方图的横纵轴

要认识直方图，先看横纵轴。直方图的横轴代表亮度，从左到右就是从暗到亮；纵轴则是表示该亮度区域有多少像素。可以通过直方图看出目前照片的亮度分布。比如这张照片的直方图中，大部分像素堆积在中间部分，说明画面上中间调亮度区域很大，高光也有一些，而没有多少像素分布在暗部。

有些直方图上还会有颜色，这是表示这种颜色在该亮度区域的表现非常强烈，可以用它来判断照片的色调。

2. 曝光过度与曝光不足

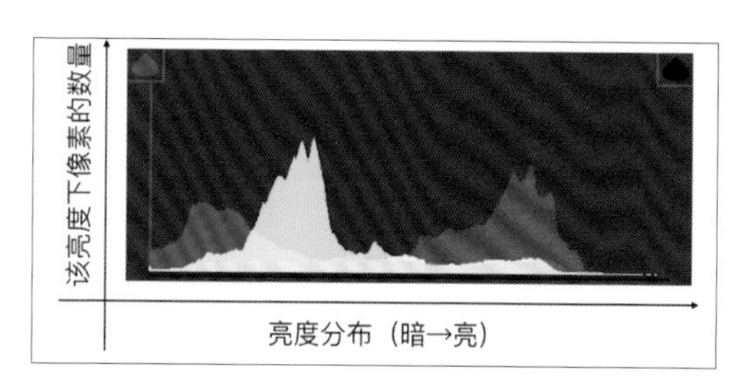

当直方图上有像素分布在最左（最暗）和最右（最亮）的时候，称之为“直方图像素溢出”，这说明画面中有曝光不足和曝光过度的区域，可能需要对照片的曝光进行补救式调整。

此时可以单击直方图上方的曝光警告按钮，在画面中显示曝光过度和曝光不足的区域。

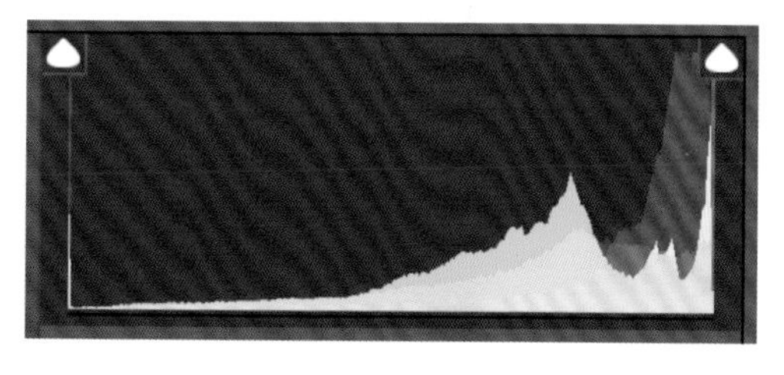

3. 直方图调整

直方图不仅可作为参考，还能调整照片。当把鼠标指针放在直方图上的时候，直方图上会显示一个高亮的区域，其下方的拍摄参数栏也会变成相应的参数。在直方图中，可以直接调整亮度。

将鼠标指针挪动到直方图上，直方图上会显示为高亮，此时按住鼠标左键，左右拖动鼠标，就可以看到直方图分布、下方的相应滑块、照片的曝光表现都会相应地发生变化。不过，通过直方图调整照片，只能用鼠标拖动进行调整，而无法精准控制数值。所以虽然这样调节很直观，但依然建议在基本面板里调整滑块。

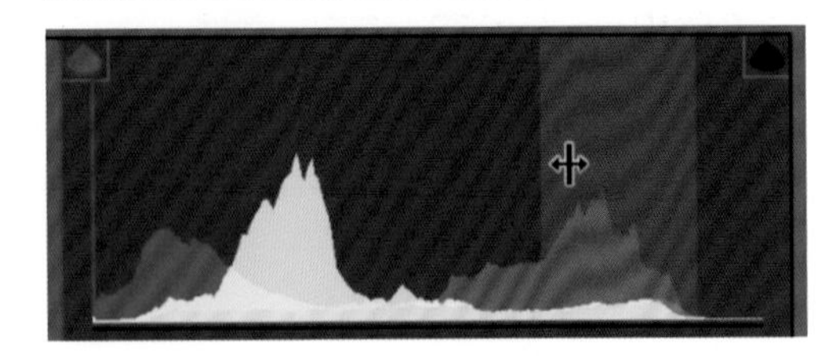

小提示

1. 直方图有标准吗?

通常拍摄的场景，都希望在中间调有丰富细节，高光、阴影不会有曝光溢出。所以标准直方图类似“钟形图”，也就是中间鼓起来，两边垂下去，且没有像素曝光过度、曝光不足，如右图所示。

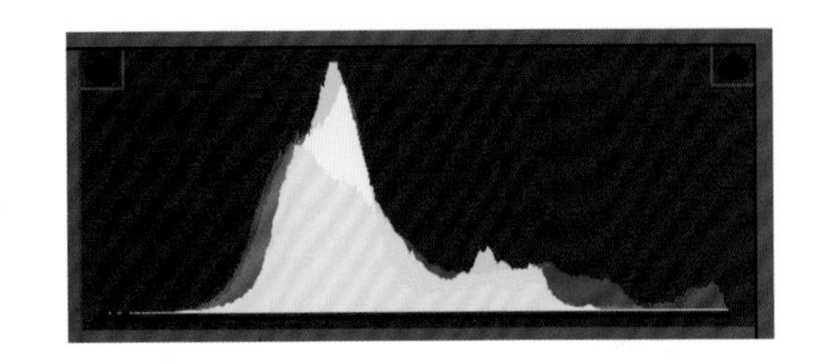

但是，根据拍摄场景不同，直方图也会千奇百怪。如果照片属于这种亮度集中于中间调的情况，可以通过参考和调整直方图，修正照片的曝光。

2. 都按照这个标准调?

当然不是！此处一定要强调：直方图是调整照片的参考，好直方图不等于好照片，看似很差的直方图也许就是好照片。所以要根据照片进行处理，直方图仅仅是一个参考，比如右侧这个直方图。

看到这个直方图，也许会让人想到一张严重曝光不足且没有活力的照片，但其实它是一张出色的暗调作品的直方图。

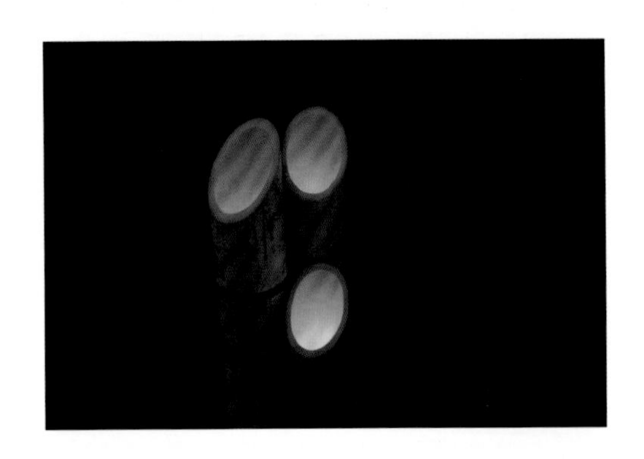

而高调作品也会有溢出亮部的直方图。如果需要故意曝光不足、曝光过度的时候，也不要太在意直方图的“提醒”。调整照片是以照片最终效果好为目的，直方图只是一个参考工具，一个非常强大、严谨的参考工具。

1.6 首选项

设置用 ACR 打开 JPEG 文件，让 JPEG 格式文件能享受 RAW 格式文件待遇

名称：首选项
快捷键：Ctrl/Command+K
位置：工具栏倒数第三个图标
功能：对 ACR 软件进行设置
难度：★★☆☆☆

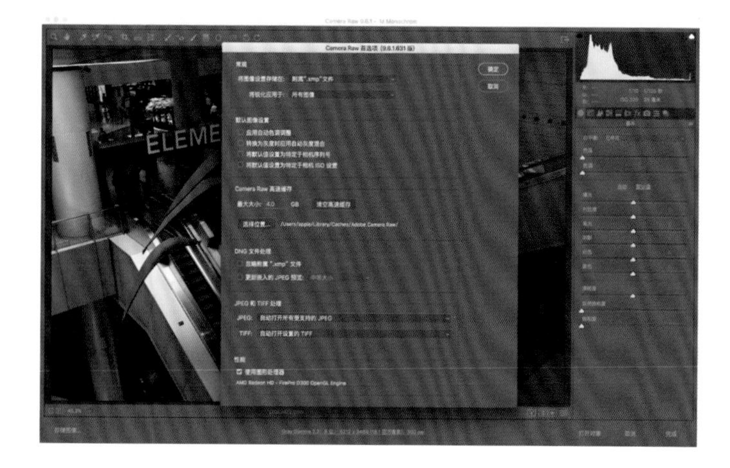

“首选项”这个名字的意思就是：在修图之前先要设置这些。单击 ACR 界面工具栏倒数第 3 个按钮即可调出首选项，也可以在 Photoshop 主界面的菜单中调出设置，方法如下。

Mac 系统——“Photoshop> 首选项 >Camera Raw”；

Win 系统——“编辑 > 首选项 >Camera Raw”。

在“首选项”中可以设置诸如使用内存、是否打开 JPEG 文件等重要的选项。这些参数在设置完成后，就不用再去动了。

功能详解

从首选项界面中可以看出，它的设置拥有 6 个部分，下面将分别讲述它们的作用。作为摄影师这 6 个部分都很重要，但是有些功能不太好掌握，对于摄影爱好者来说，重点掌握“Camera Raw 高速缓存”“JPEG 和 TIFF 处理”就好。大部分人热衷于处理照片，忽略了这些设置的重要性，虽然大部分情况下，保持默认值就好，但是必须知道，为什么保持默认值，以及什么时候需要改变设置。

1. 常规

在“常规”中有两个选项，“将图像设置存储在”选项保持“附属’.xmp’文件”即可，这样用户对于一张照片的设置会储存在一个 ACR 生成的后缀为 .xmp 的文件中，这样在导入设置时会很有好处。下面的“将锐化应用于”也保持“所有图像”，这个功能是在储存照片时对文件进行锐化时使用的，而 RAW 格式照片和所有数码照片一样，普遍需要锐化，效果才能更震撼。

2. 默认图像设置

默认图像设置
应用自动色调调整
转换为灰度时应用自动灰度混合
将默认值设置为特定于相机序列号
将默认值设置为特定于相机 ISO 设置

这个区域比较复杂，这是很多专业摄影师修图的利器，尤其是批处理的时候。首先来讲一下什么叫默认值。

将一张照片在 ACR 中打开，此时的参数就是“默认值”（如果没设置，就叫初始值），默认值可以设置，并非所有滑块都是 0。当调整好一张照片，认为以后打开 ACR 就蹦出这个参数比较方便，就可以单击面板栏右侧的“菜单”按钮，调出“设置菜单”，然后选择“储存新的 Camera Raw 默认值”。当然，可以随时通过最后的选项复位默认值。

应用自动色调调整：打开照片时，ACR 会对照片进行自动调整，优化照片的影调。当处理海量照片的时候可以开启该功能，如果是处理几张，则无需勾选，因为自动处理的效果可能跟预想的效果相悖。

转换为灰度时应用自动灰度混合：如果勾选该选项，在“HSL/ 灰度面板”中将照片转换为灰度时，ACR 会自动调整“灰度”的数值（在第 6 章会讲到）。如果不勾选该选项，转换后所有数值保持默认值。我的习惯是不勾选。

将默认值设置为特定于相机序列号：这个选项比较复杂。刚才讲了怎样设置默认值，这个选项的意思是，只有遇到这个相机序列号的时候默认值才有效，打开其他相机拍摄的照片时，默认值还是初始值。这有什么用呢？当使用双机身拍摄的时候，可以根据它们的成像特点和使用镜头焦段，为每台机身量身定做默认值。

操作方法：首先调整参数，然后设置默认值，最后打开首选项勾选这个选项即可。

这里郑重强调：这个选项设置比较高端，除非要一下处理很多照片，并且明确知道自己相机的特点、自己想要的效果，要不没有必要设置。

将默认值设置为特定于相机 ISO 设置：这个选项是针对锐化和降噪的，其效果和上面序列号的相仿——只有相机型号、ISO 值都符合要求时，才会启动相应的默认值。比如，使用尼康 D810 拍摄了 ISO 6400 的照片，并设置了降噪和锐化的默认值，当再次使用这台相机与这个参数时，ACR 会通过设置的默认值直接降噪和锐化。再次提醒，该功能比较复杂，需谨慎使用。

3.Camera Raw 高速缓存

当打开比较大的照片时，会不会出现内存不足的情况？在这里，可以将内存设置为较大的内存数值（不要超过硬件指标，否则设置得再大硬件不支持也没用），保证 ACR 使用最大缓存，还可以“清除高速缓存”，腾出更多缓存空间。下面的“选择位置 ...”不需要设置，保持默认值即可。如果 ACR 还会因为内存不足而闪退、无法处理或者处理速度慢，那就升级电脑吧。

4.DNG 文件处理

从名字上可以直观地看到选项的作用。

忽略附属“.xmp”文件：因为 Adobe 的 RAW 格式——DNG 格式可以在内部储存设置文件，为了避免在复杂操作中出现冲突（比如对一个 .NEF 文件进行处理，然后生成了 .xmp 文件，然后又将其转换为 .DNG，这样 .xmp 和 .DNG 的设置就会冲突），建议将其勾选。

更新嵌入的 JPEG 预览：如果勾选此选项，在使用 Bridge 或 Lightroom，甚至是系统的预览软件查看照片时，就能看到最新处理的效果。此时可以选择“中等大小”或“完整大小”，后者更精细，但我个人觉得前者就可以了。

5.JPEG 和 TIFF 处理

这个选项对于摄影爱好者很重要！这标志着 JPEG 格式文件也可以享受“Raw 待遇”，在 ACR 中可以打开，并使用这款强大的插件进行处理。此处我习惯将 JPEG 设置为“自动打开所有受支持的 JPEG”，我一般不用 TIFF，只有在使用适马相机拍摄，然后用 SPP（Sigma Photo Pro，适马自带软件）处理时会转到 TIFF 格式，再在 Photoshop 中进一步处理。SPP 功能也很强大，故我一般直接进入 Photoshop，所以没有设置，也可以让 ACR 打开 TIFF 文件。

6. 性能

这里只有一个选项，就是“使用图形处理器”，也就是显卡。该选项保持勾选即可，让 ACR 使用电脑的显卡，以达到更好的处理效果。可以看到，首选项和电脑配置息息相关，如果电脑不行，怎样设置也是没用的，很多人也问我的电脑配置是什么，这里分享一下。我修图一般不用笔记本，喜欢用台式机 + 显示器，电脑是 Mac Pro 低配的选配版，俗称“垃圾桶”，配置如下。

处理器：3.7GHz 四核。

图形处理器：双 AMD FirePro D300 图形处理器。

硬盘：512GB 固态硬盘。

内存：16GB。

1.7 工作流程选项

该功能在 ACR 进入 Photoshop 的过程中至关重要

名称：工作流程选项

位置：ACR 界面下方

功能：对 ACR 软件进行设置

难度：★☆☆☆☆

有时候，在 ACR 中处理好照片后，还会在 Photoshop 中进一步处理，这时也需要一些设置。单击 ACR 底部带下划线的字就能调出工作流程选项，这个选项的设置关系到色彩空间的选择等诸多关键设置。

功能详解

Adobe RGB (1998)；16 位；5184 x 3888 (20.2 百万像素)；300 ppi

“工作流程选项”中的内容并不多，但是每个都很重要。通过观察会发现，工作流程可以预设，下面包括 4 大块内容。其中可以设置色彩空间、图片大小、输出时锐化以及在 Photoshop 中打开的模式。下面将分别详细说明这些选项该如何设置，以保证获得最佳处理效果。

1. 预设

预设：自定

“预设”在初始状态下，拥有“自定”和“新建工作流程 预设”两个选项。顾名思义，在自定情况下用户可以自己设置工作流程中的所有内容；当选择了“新建 工作流程 预设”，就可以将现有的设置保存为一个预设，以便之后调用。

这个操作很简单，无需多言。我要说的是：是否有保存预设的必要？一般情况下是没有的，除非经常要转换色彩空间。这里的“预设”并没有 ACR 操作中的“预设”那般重要，而且这里的选项比较少，如果不是每天处理大量照片的摄影师，完全可以根据照片直接设置。

2. 色彩空间

这是很多摄影爱好者经常纠结的问题，也是很多人误区最大的一个地方。如果还会纠结相机里设置什么色彩空间合适，这里我告诉你：使用 RAW 格式拍摄，相机色彩空间设置无所谓，因为 RAW 永远保持最大色彩范围，所以对于相机设置不用纠结。

单击“色彩空间”选项，作为爱好者甚至专业摄影师，大多只会选择 2 个选项：Adobe RGB 和 sRGB。单从色彩空间上，Adobe RGB 大于 sRGB，但并非这样就要选择它。因为在网络上分享时，Adobe RGB 色彩空间的照片会因为上传而出现色偏，使用其他图片浏览器时也可能出现颜色变化。所以照片用于网络传播，还是选择 sRGB，如果要打印输出，则选择 Adobe RGB。

8 位/通道
色彩深度 ✓ 16 位/通道

接下来说“色彩深度”，可以在网络上搜索到它蹩脚的定义，其实它代表的就是颜色的种类，深度越大，照片中的颜色种类就越多。8 位 / 通道拥有 256 种颜色，16 位 / 通道则拥有 65536 种颜色，没看错，就是这么多！同样的，这个选项并非越多越好。色彩深度要和色彩空间匹配，才能达到最好的效果。如果使用错位，对画质的提升会极其有限，有时甚至会有害处。所以比较通用的设置方法如下。

网络传播：sRGB+8 位色彩深度。

打印输出：Adobe RGB+16 位色彩深度。

3. 调整图像大小

我认为该选项是“工作流程”中最没用的，因为我从来不在这里调整图像大小，不过还是介绍一下。如果取消勾选“调整图片大小以适合”，照片会保持原来大小在 Photoshop 中打开或者被保存。当勾选该选项后，就可以选择适应的方式。

然后在下方的 W（宽）和 H（高）中输入数值，选择单位。如果勾选“不放大”，照片大尺寸就不会超出原有尺寸，最后还可以输入分辨率和单位。这里我一般不会动，因为在保存照片的时候也有类似选项，我习惯在储存时再设置。

4. 输出锐化

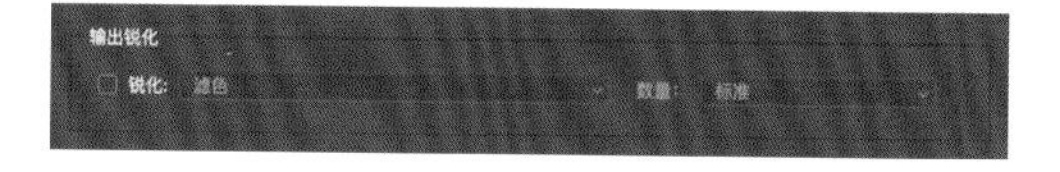

此处可以选择在照片输出时，进行自动锐化。ACR 的很多选项都可以锐化，为何软件中如此强调锐化？因为 ACR 的创始人非常重视锐化。如果会在细节面板和 Photoshop 中进行自定义锐化和局部锐化，这里就没必要勾选。当直接输出的时候，可以勾选该选项，后面的参数保持默认值即可。

5.Photoshop

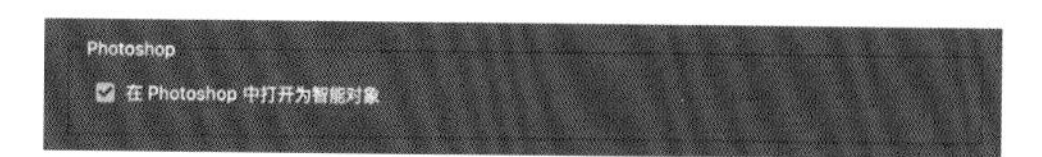

ACR 毕竟只是 Photoshop 的一个插件，固然可以直接保存，但是更多情况下会在 Photoshop 中打开，对照片进行进一步处理——精细局部处理、图片拼接、图层混合等。这里就是控制“照片以何种形式在 Photoshop 中打开”的。

RAW 格式文件经过 ACR 的转码和处理，可以以两种形式在 Photoshop 中打开：智能对象和非智能对象。当勾选其中的“在 Photoshop 中打开为智能对象”时，会发现 ACR 主界面的蓝色按钮变成了“打开对象”——也就是智能对象；不勾选该选项则是“打开图像”——以非智能对象形式打开。

打开智能对象，在 Photoshop 图层的右下角会有一个小 Logo，我建议永远以“智能对象”形式打开文件，因为这样做有以下两个好处。

其一，智能对象在 Photoshop 中打开后可以随时通过双击图层的方式回到 ACR 中进行再处理，这些都是无损处理，非智能对象则无法回来。

其二，在拼接合成时，智能对象经过缩小再放大，画面信息是无损的，而非智能对象则是有损的。

双击智能对象的图标，就可以重新回到 ACR 中进行处理。当然，智能对象也有不方便的地方：无法在 Photoshop 中进行破坏性处理，然而这个问题可以通过调整图层、图层混合等高级操作达到同样效果。必须进行破坏处理时，也可以通过“栅格化图层”将智能对象转化为非智能对象。

1.8 存储照片

处理照片最后的步骤

名称：存储图像
位置：界面下方
功能：保存处理好的照片
难度：★☆☆☆☆

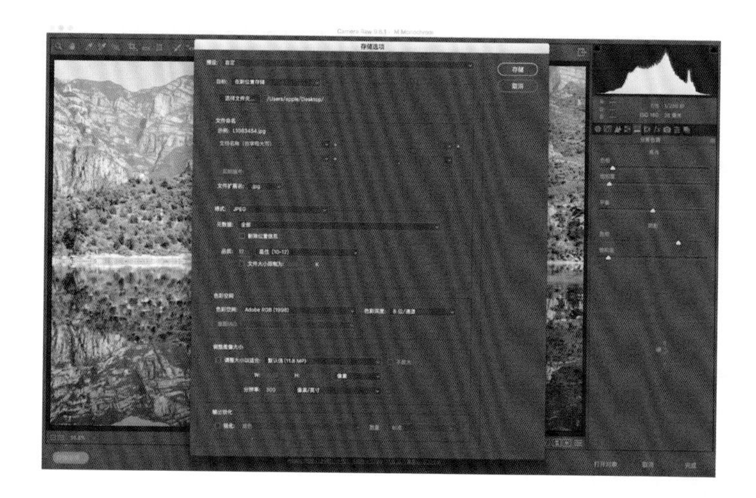

这是处理照片最后一个步骤，但是必须要在此先讲解。不要以为储存就是“Ctrl+S”搞定，这里面大有门道。“存储图像”就是把处理好的文件导出，请注意，这里不是覆盖原文件，“导出”是一种“另存为”，原来的 Raw 格式文件不会受到破坏。此时可以将照片储存为数字负片（.dng）、JPEG、TIFF 和 Photoshop 文件（.psd）。对于摄影师来说，前两种格式比较有用，所以在下面的功能详解中，也重点介绍这两种格式的保存。

功能详解

1. 预设

在初始状态下，预设拥有“自定”和“新建 存储选项 预设”2 个选项，“自定”就是用户自己设置以下的内容，单击“新建 存储选项 预设”可以将当前的设置保存为预设，以后保存照片的时候，通过“预设”快速设置。

2. 目标

这里可以设置储存文件的位置，可以选择“在新位置存储”，然后选择文件夹。我习惯将照片保存在桌面或一个特定文件夹中，读者也可以选择“在相同位置存储”。

3. 文件命名

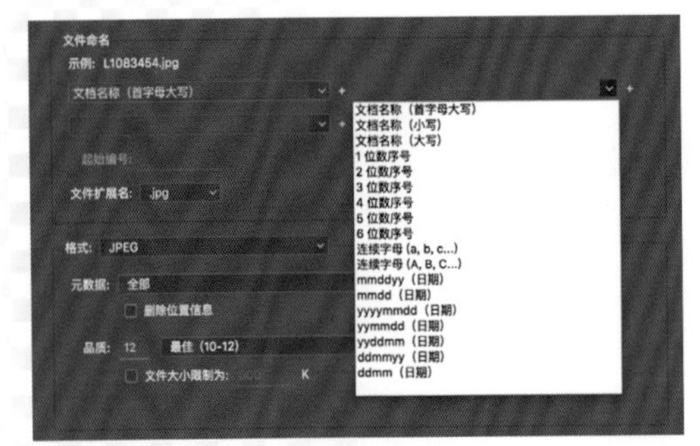

这里可以给文件重新命名，这里有很多选项，可以以文档名称 + 日期或其他信息方式命名，ACR 允许用户添加 4 种信息，种类包括图中所示的选项。当同时存储多张照片时，还可以在下方的“起始编号”中输入数字，让照片按照顺序编号存储，以让后期管理更加明晰。下方的“文件扩展名”中可以选择文件的后缀，这里提供了 4 种格式的大小写名称。当选择了某种名称后，下面的“格式”也会变成相应格式的设置选项，这两部分的设置是联动的。

4. 格式

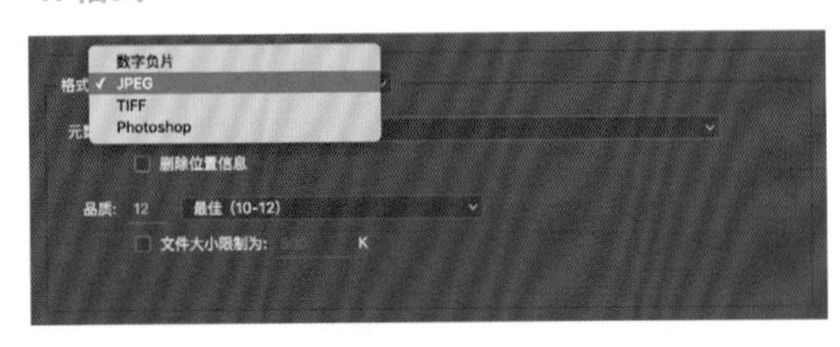

格式中，可以选择数字负片、JPEG、TIFF 和 Photoshop。根据不同的设置，下面的选项会有相应变化，由于设置都比较直观，因此仅展示前两种的设置项。

选择“数字负片”，可以选择 ACR 的兼容性，以保证文件在哪种版本下都可以打开。建议保持默认值，因为历代 ACR 的选项略有不同，但一般都使用高级的 ACR，故不用担心兼容性。下面均保持默认值即可，无需太多设置。

选择“JPEG”会看到如图所示界面，可以选择保存元数据的类型，比如仅保存版权信息或者勾选“删除位置信息”等，根据需求选择即可，如果不清楚就保持默认值。接下来的照片品质我一般设置为最佳的 12，读者可以根据使用的性质进行设置，比如，网站有图片大小限制，可以勾选“文件大小限制为”，并输入数值。

5. 色彩空间、调整图像大小、输出锐化

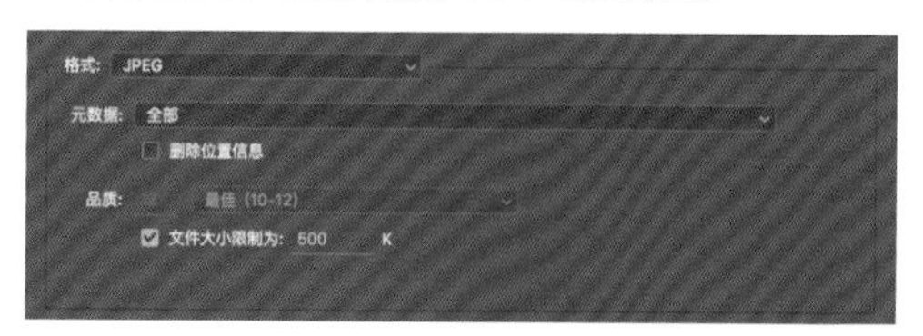

这些设置在 1.7 节中会有所介绍，这里暂时保持默认值即可。

6. 存储

最后单击“存储”，就能在设置的文件夹中找到处理好的照片了。

7. 右边那 3 个按钮

在 ACR 界面右下方还有 3 个按钮，分别是打开图像（或打开对象）、取消和完成。这 3 个按钮的作用分别如下。

打开图像（或打开对象）：将照片在 Photoshop 中打开，这两个模式可以在工作流程选项设置中，或者按 Shift 键进行切换，它们的区别之后会讲到。

取消：所有设置都回到默认值，并退出 ACR，快捷键是 Esc，千万别误操作哦！

完成：所有设置都会被保存，同时退出 ACR；当再次打开 RAW 文件的时候，之前的操作还在。

第 2 章

基础操作

本章将介绍 ACR 中最基本的操作。

要学习一款软件，首先要知道一些基本操作的方法。本章将介绍一些基础操作，可以修复一些简单的小问题。通过本章的学习，可以对这款软件有最起码的认识，帮助读者完成本书后面的复杂操作。

2.1 勤用放大镜

工具概述

名称：缩放工具、抓手工具

快捷键：Z、H

功能：放大和缩小照片

难度：★☆☆☆☆

将一个 RAW 格式文件在 Photoshop 中打开时，ACR 会自动弹出。处理照片的第一个流程不是剪裁或者调整曝光，而是观察、综合分析照片，然后整理处理思路。所以这里，先教大家如何观察、分析照片。

这个时候照片是以“符合视图大小”的形式展现的，可以先纵览照片的色彩、构图和曝光情况。但是当需要观察更细节的东西，如照片精准的景深范围、是否合焦锐利、噪点情况、相机脏点等时，都需要放大照片。

操作详解

选择 ACR 界面左上方的放大镜工具，可以放大 / 缩小照片，操作方法有如下 3 种。

1. 将鼠标指针移动到想放大 / 缩小的区域，然后单击鼠标，即可以放大；按住 Alt 键，当放大镜中的 + 变成 − 时，单击照片即可缩小照片。

2. 将鼠标指针移动到想放大 / 缩小的区域，按住鼠标左键并向左拖动，即可以放大照片；按住鼠标左键并向右拖动鼠标则是缩小照片。

3. 在画面上单击鼠标右键，在弹出菜单中选择缩放比例即可缩放照片。或者，在界面左下方的照片比例设置栏中，单击 +/ − 号缩放照片，也可以通过菜单选择。

如果想让照片充满界面，选择“符合视图大小”即可。如果想移动视图，可以通过放大工具旁边的抓手工具，在操作的时候，可以通过空格键切换放大工具和抓手工具。

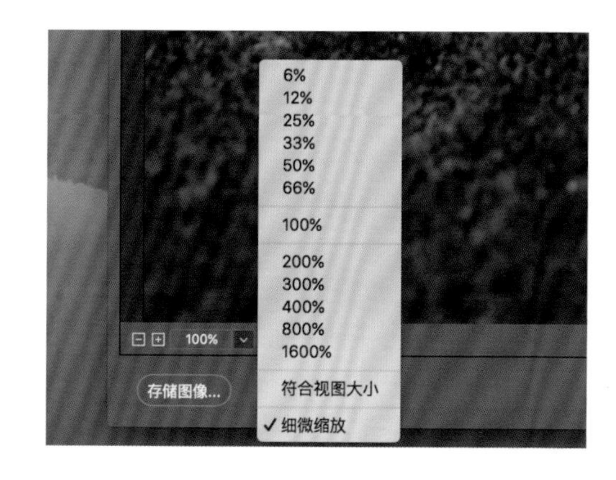

为什么要放大视图

因为很多细微的照片瑕疵、细节不放大就观察不到。看不见怎样处理呢？打开照片，第一件事是通过整体视图，看看照片的构图、曝光和色调是否适当，然后别急着处理。放大照片仔细观察，比如照片是否区域曝光过度和曝光不足——精细调整曝光；照片是否在边缘处有不需要的物体——微调构图；照片的噪点哪里最多——针对性降噪处理；照片是否合焦——锐化和清晰度调整；照片上有没有脏点和眩光等——去除瑕疵，修复细节。

对照片进行综合分析，有了整体和局部的了解，然后才能有计划、有针对性地处理照片。从而会清晰知道自己调整曝光的时候顾及到某处的曝光不足，在剪裁的时候直接裁掉某些区域，等等。

照片边缘的非绿色部分，可以通过精细剪裁去除。

在此面板中调整控件时，为了使预览更精确，请将预览大小缩放到 100% 或更大。

在锐化和降噪的时候，系统会提示用户将照片放大到 100% 或更大。

2.2 极速校正白平衡

工具概述

名称：白平衡工具
快捷键：I
功能：校准白平衡
难度：★☆☆☆☆

在处理照片时，先要对照片的问题进行修正。对人们感官而言，最明显的照片问题莫过于白平衡和曝光了。这里通过一个小工具来校正照片的白平衡。在 Adobe Camera Raw 左上方的工具栏中，第三个形状如胶头滴管的东西就是“白平衡工具”。该工具的使用方法很简单：在照片上原本属于灰色、白色的地方单击，计算机即会以此处为基准校正白平衡。

功能详解

1. 照片符合校准要求吗

根据原理可知，要使用这种方法，照片上必须有白色或灰色（也可以称为中灰区域）的区域，再细小的位置都可以，比如人物的眼白。

2. 中灰区域的位置

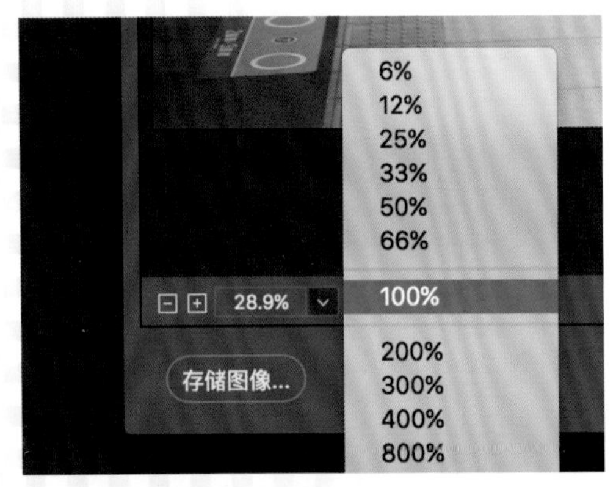

之后要观察：这个中灰区域位于哪里？它是否在需要校准的区域？如画面中有两种光源 A 和 B，要将 A 光源定为修复对象，此时如果校准 B 光源下的中灰区域，那就没有什么用。也就是说，中灰区域必须位于要还原白平衡的光照下。此时可以放大画面，来仔细寻找合适的区域。

3. 直接点击

找好了位置后，选择工具将鼠标指针移动到该区域，必要时可以放大照片，然后单击鼠标左键，画面的色调就会变化。

4. 反复调整

当对效果不满意的时候，有很多方法可以细致调整。这里先讲最简单的方法，那就是重新选择一个地方，再点一次。可以无数次点击，直到认为色彩更准确为止。因为色彩、明暗的细微差别，所以虽然看似都是中灰区域，但校正效果会有一些区别。

小提示

任何工具的使用都有范围和条件，同时会带有联动效应。这里列出两个需要特别关注的项目。

1. 校正区域不能太暗 / 太亮

该工具需要读取画面中某一区域的信息，以此为基准校正白平衡，所以该区域的曝光最好比较适中。如果太暗或者太亮，就会出现校正不准的情况。

2. 关注色温数值变化

校准白平衡之后，在基本面板中的色温也会相应地变化数值。通过色温也可以进行白平衡调整。

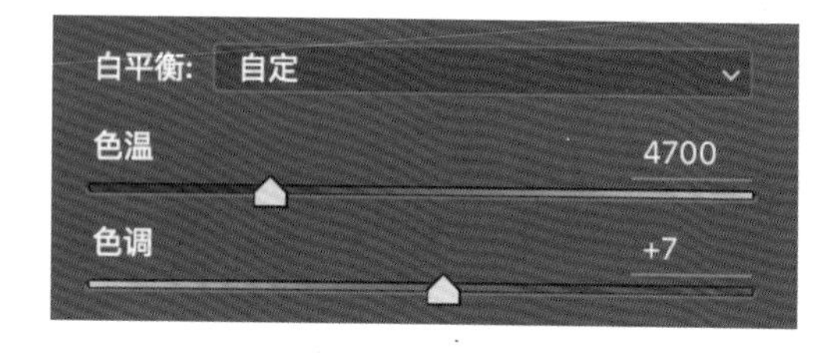

2.3 颜色取样器

工具概述

名称：颜色取样器

快捷键：S

功能：显示 9 个点的 RGB 信息

难度：★☆☆☆☆

在初级处理照片的时候，该功能基本上用不到，但这个功能冷门并非因为它效果不好，而是该功能针对性比较强，应用范围窄。

操作详解

1. 选择工具

在工具栏中单击第四个图标，也可以直接用快捷键 S 来启动这个工具。在一些 Windows 系统的电脑中可能需要切换英文输入法才能实现快捷键操作。

2. 获得数据

将鼠标指针移动到照片上，然后在想得知色彩信息的地方单击，在工具栏下方就可以看到第一个取样点的 RGB 色彩信息。这时候，在此处会出现一个标记，并有“1”的数字标示。

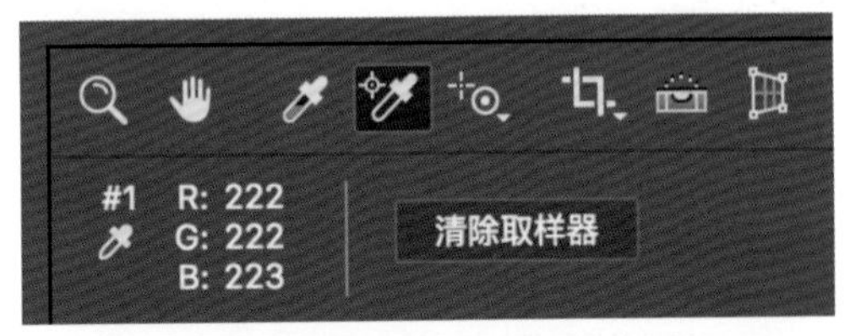

3. 继续取样

然后，在需要对比的地方继续单击，就可以取得第二个点的色彩信息。此时在取样器中会出现第二个点的色彩信息，同样，这个点的标示下会出现数字“2”。

4. 清除取样点

按住 Alt 键，将鼠标指针移动到某个点上，鼠标指针会变成一个小剪刀形状，按住 Alt 键并单击鼠标左键就可以清除单个取样点。要清除所有取样点，单击“清除取样器”即可。

5. 最大限制

最多只能取 9 个点，之后可以清除单个点，对其他区域再取样。

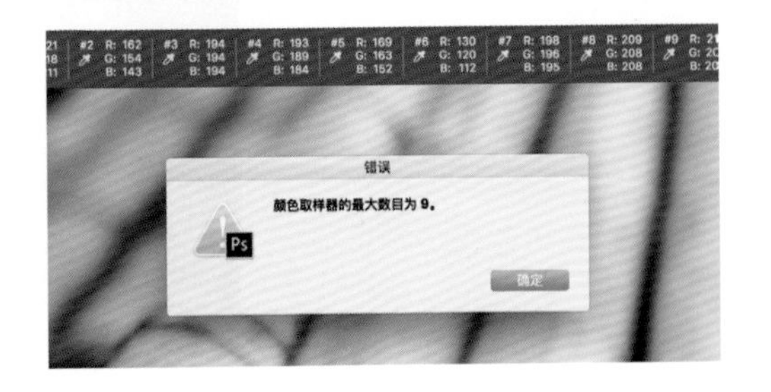

应用范围

利用该功能无法调整画面效果，它的作用是显示画面几个地方的色彩信息，可以作参考、对比之用。在高精度输出的时候，这个功能比较常用，不过作为摄影爱好者，该工具有如下三种情况比较常用。

1. 对比颜色

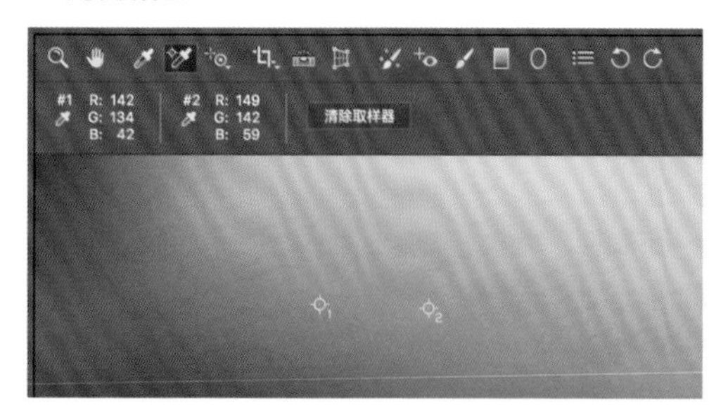

因为同样颜色的 RGB 数值相等，所以当需要看两处颜色、亮度是否相同时，可以使用该工具进行对比。

2. 检查色温

中灰区域（色温准确时的灰色区域）的 R、G、B 三个数值是近似相等的，所以可以利用这个工具来判断某区域的色温变化。

3. 调整参考

该数值还会随着调整而不断变化，当更改色温或者调整曝光的时候，这个数值的变化可以从数值角度反映出色彩和亮度的变化。如果对 RGB 颜色了然于胸，就能透过数字“读懂”照片。

2.4 剪裁照片

工具概述

名称：剪裁工具
快捷键：C
功能：剪裁照片
难度：★★☆☆☆

剪裁是非常常用的工具，用好剪裁，可使照片焕然一新。比如这张示例照片，它本来是一张竖幅的旅行照，前景有很多人，而作为主体的建筑物并不突出。通过剪裁工具对照片进行重新构图，使其变成横构图，画面更加紧凑，前景的树枝和主体建筑物相呼应，还去除了周围的杂物。

操作详解

1. 设置比例

选择剪裁工具，然后将鼠标指针移动到照片上，单击鼠标右键，在弹出的快捷菜单中，可以选择 6 种比例或者自定义比例，相机拍摄的照片大多是 3 ∶ 2 的比例。此时不用担心横竖构图，在下面操作中，建立剪裁框的时候，ACR 会根据鼠标指针轨迹自动识别。

2. 自定长宽比

如果不需要定义比例，可以选择最上方的“正常”，如果想要自定义比例，就单击“自定”，并在弹出的对话框中键入需要的比例。如果要制作一张视频截图效果，可能就需要 1920×1080 的比例。

3. 剪裁操作

调整好比例后，把鼠标指针放在想剪裁的区域，然后按住鼠标左键拖动鼠标，建立剪裁框。内部颜色不变的区域就是保留区域，而外部呈现出灰色效果的则是被剪裁掉的区域。

4. 辅助构图

如果需要辅助线来帮助构图，单击鼠标右键，并在弹出的快捷菜单中选择“显示叠加”，就会出现三等分辅助线。此时也可以更改照片的长宽比。

5. 旋转画面

将鼠标指针移动到照片剪裁区域外面，鼠标指针会变成一个双箭头，此时按住鼠标左键拖动鼠标可以旋转画面，校正水平。

6. 应用 / 取消剪裁

要应用剪裁效果，只需在剪裁区域内部双击或者按下回车键。要想取消剪裁效果，可以直接按 Esc 键，或者选择右键菜单中的“清除剪裁”选项。

7. 重新剪裁

应用剪裁后，ACR 会自动跳出剪裁工具。如果想重新剪裁照片，再次选择剪裁工具，画面就会变成全图模式，并标出刚才的剪裁区域，这时可以调整剪裁框，或者重新剪裁、取消剪裁。

8. 限制为与图像相关

剪裁菜单中的“限制为与图像相关”功能在初期处理照片的时候不太常用，但是当进行照片拼接，或者使用镜头校正的时候，它就有用了。

将此选项选中，无论照片如何变形，剪裁框最大只能到达照片的边缘；如果关闭此选项，剪裁框就更加“自由”，能到达画框的边缘。

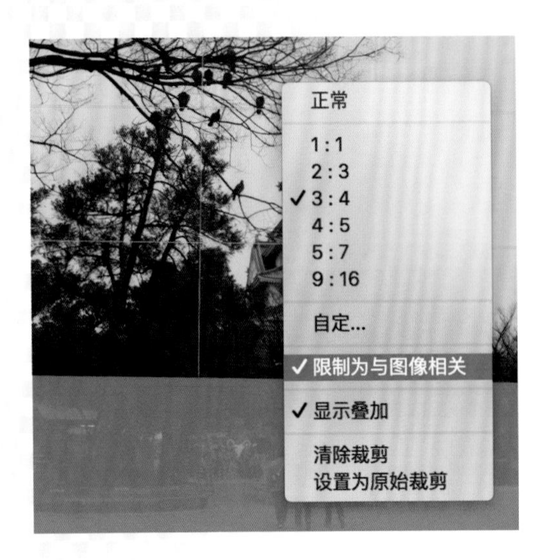

未勾选该选项，可以自由剪裁，让剪裁框扩展到照片（变形后）本身以外的区域。

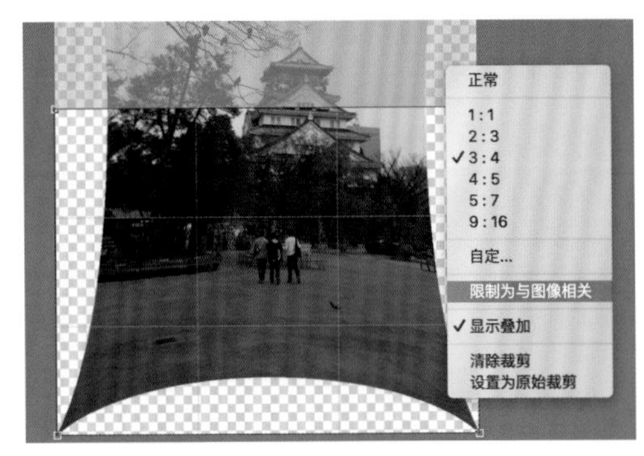

勾选该选项，剪裁即会受到限制，以防止照片出现“透明”区域。

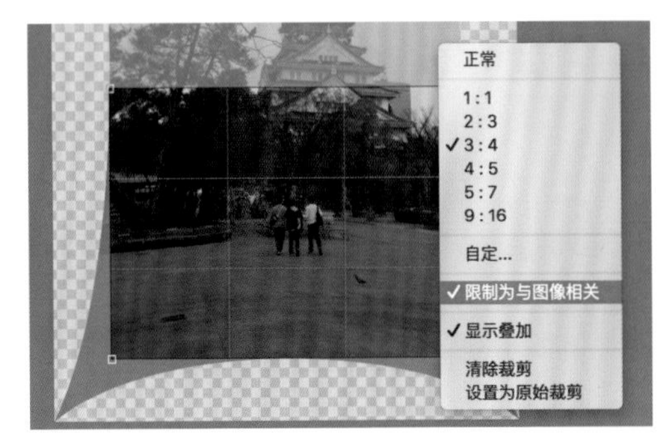

小提示

1. 无损操作

也许读者注意到了，操作的时候可以重新剪裁，ACR 不会将剪裁掉的照片信息删掉，所以在 ACR 中的剪裁是无损操作，这个操作会记录在 Raw 格式文件中。

不仅是剪裁，包括前面讲的白平衡工具以及后面讲的所有工具，ACR 中的全部功能都是无损的，都不会让照片信息丢失。所有步骤都会被记录下来，都可以随时调回来或者重新调节。这也是 ACR 最厉害的地方之一。

2. 翻转工具

工具栏中最后两个图标——两个箭头，代表着翻转图像角度，可以将照片以顺时针或逆时针翻转 90°。

2.5 找准水平

工具概述

名称：拉直工具
快捷键：A
功能：调整照片旋转角度
难度：★☆☆☆☆

利用剪裁工具除了可以调整构图，也可以旋转照片，调整照片的角度，当画面中的水平线不平的时候，它可以帮上忙。不过相对于剪裁工具，更加精准的水平调节工具就是此处要讲的——拉直工具。拉直工具应该算是剪裁工具的附属品，单独使用也没有问题。在 Photoshop CS6 或更高版本中，该工具位于剪裁工具内部。

操作详解

1. 自动拉直

单击或者使用快捷键 A 选择该工具，然后将鼠标指针移动到照片上双击，此时 ACR 会根据拍摄信息对照片进行自动拉直。此时照片已经被旋转，如果满意，可以继续双击鼠标左键应用拉直，画面会进入剪裁工具界面。这里要注意，ACR 的主界面会因为版本不同而有轻微变化。

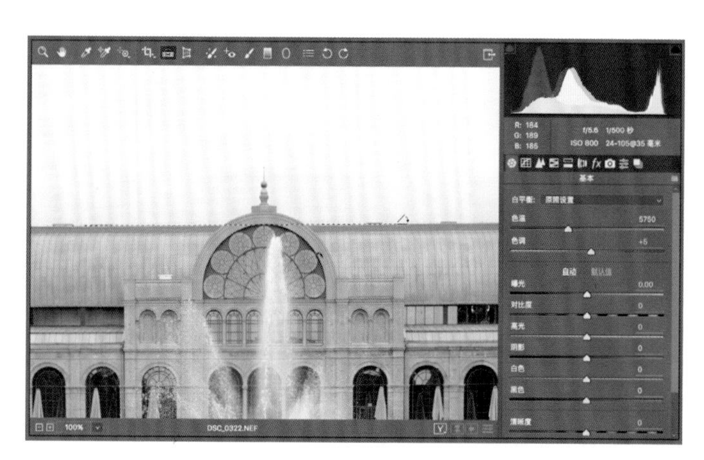

2. 手动调整

如果双击鼠标左键后，对自动拉直的效果不满意，就可以进行手动操作。此时将鼠标指针移动到照片本来的水平线上，然后按住鼠标左键沿着水平线进行拖动，拖动轨迹是一根虚线。放开鼠标左键，ACR 会根据这条虚线来拉直水平。

3. 剪裁照片

拉直完成后，ACR 会自动进入剪裁界面，可以通过前面讲述的方法，对程序的自动剪裁框范围进行优化（可以理解为继续剪裁），然后在画面上双击鼠标应用剪裁效果。

小提示

界面颜色更改

ACR 界面上照片背后是中灰色，这样有利于操作时观察照片，不过有人可能会喜欢其他深度的灰色，或者纯黑、纯白。此时，在 ACR 界面的灰色区域单击鼠标右键，在弹出的快捷菜单中即可选择不同的界面颜色。

默认状态下，ACR 会在照片边缘加一个黑边，以便用户精准分辨照片边缘。这就是此时的“绘制图片框”现象，取消勾选该选项即可去掉照片的黑边。

2.6 去除红眼

工具概述

名称：红眼去除
快捷键：E
位置：左上方工具栏第 10 个功能
功能：去掉闪灯造成的人物红眼、宠物绿眼
难度：★☆☆☆☆

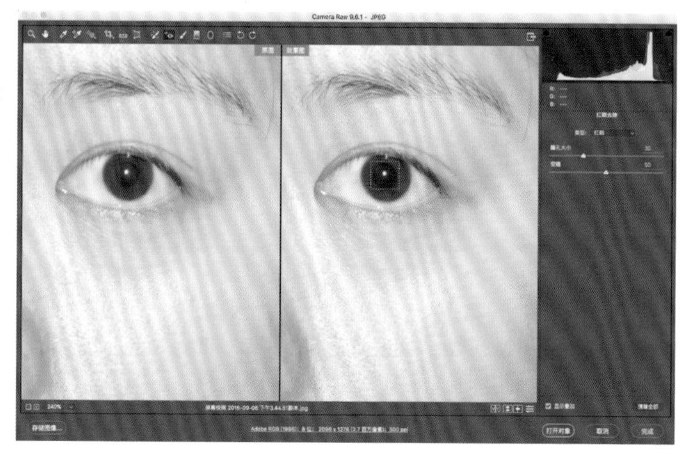

“红眼”是指闪光灯直射人眼的时候，打亮了人眼内的结构，然后反射出红色的光，造成照片看起来极其不自然。有很多办法能防止这个问题，比如很多相机的闪灯都有“防红眼模式”，或者使用外置闪光灯从非拍摄角度打光，都不会出现红眼。不过使用手机、机顶闪灯拍摄时，还是偶尔有这个问题。

单击“红眼去除”图标，ACR 左侧的面板栏就会出现相应功能，这里的功能很直观，只有 1 个选项和 2 个滑块。

界面详解

类型：在“类型”中，可以看到“红眼”“宠物眼”这 2 个选项。如果操作对象是人，就选择红眼；是其他生物，就试试“宠物眼”选项。宠物（这里是指猫、狗这样的常见宠物）的眼睛更容易产生反光，此时会反射绿色的光，所以和处理红眼不同。

瞳孔大小：选择修复区域——眼睛后，可以手动控制瞳孔大小，以便精确控制处理的区域。数字越大区域就越大，其默认值是 50。

变暗：瞳孔区域的压暗程度，数字越大就越暗，数字越小会缓解过暗的情况，默认状态下该数值是 50。

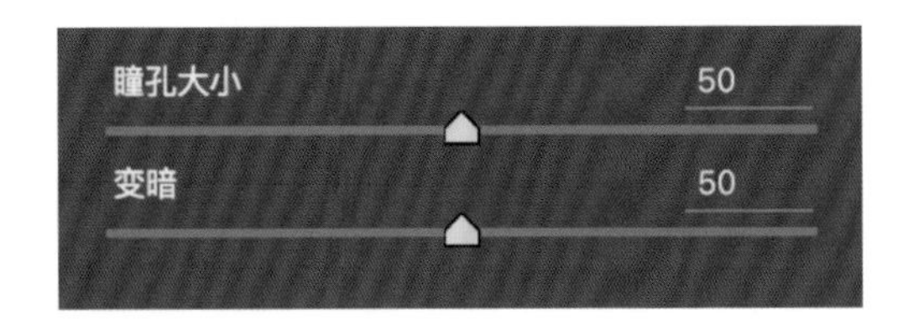

操作详解

1. 选定红眼区域

选择“红眼去除”工具，因为处理的是人物照片，故选择“红眼”。首先把照片放大到 100%，然后将视图挪到人物眼睛处。将鼠标指针移动到画面中，此时鼠标指针就变成了一个选择工具，在眼睛上按住鼠标左键并拖动，将眼睛的位置框住。画好之后放开鼠标，此时 ACR 会自动识别区域中人物瞳孔的位置，并以红色虚线标记出瞳孔位置。

如果出现了如下图所示的提示，说明 ACR 无法识别该区域的人眼。如果试了几次都不行，就不用再做无用功了，软件不是万能的。

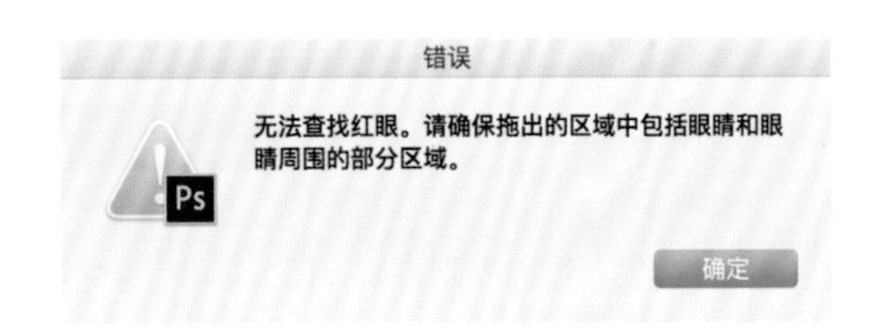

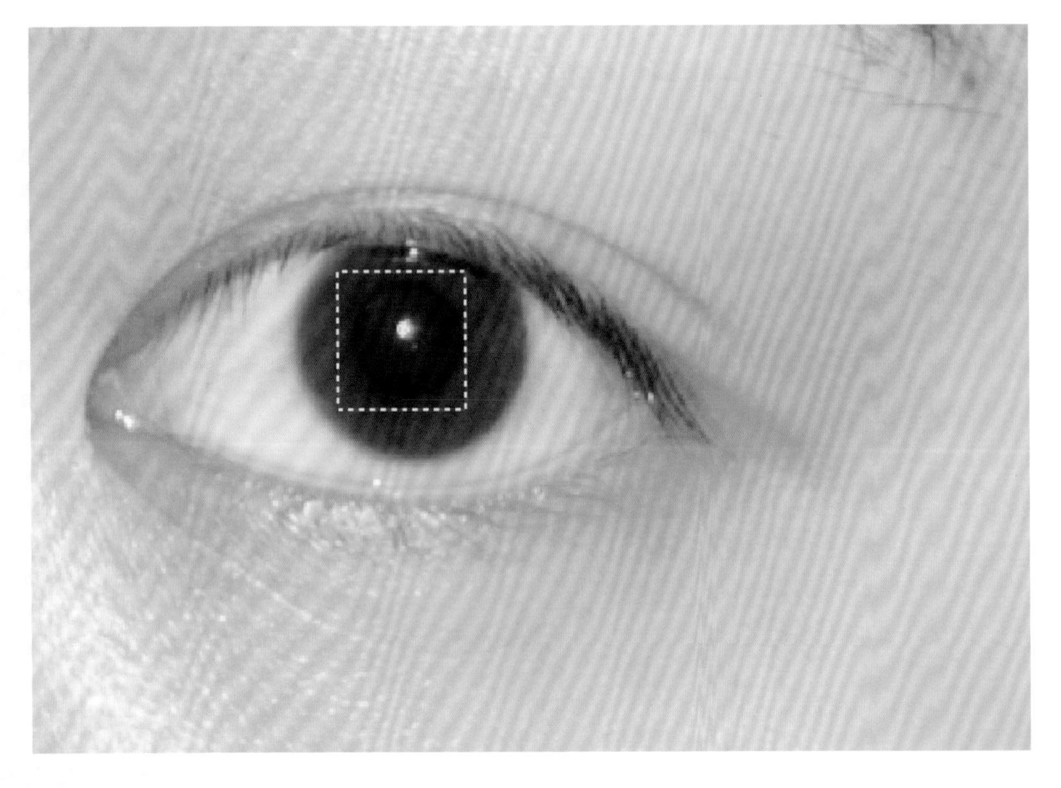

2. 调整范围和参数

如果对 ACR 识别的红眼区域不满意，还可以手动调整。将鼠标指针移动到红色虚线框的边缘，然后鼠标指针会变成双箭头，按住鼠标并拖动即可。之后就可以按照自己的需求调整参数。例如如图所示，将瞳孔范围扩大，就增加“瞳孔大小”到 58，而“变暗”保持 50 的默认值。这里要提醒：需要按照自己照片的效果进行调整，而非记住截图上的参数。

瞳孔大小　30

变暗　50

3. 继续调整

调整好一只眼睛，无需切换，直接在另一只眼睛上重复此操作即可。这时候第一只眼睛上的红色虚线会变成黑白，表示它现在不是“编辑状态”。当要重复调整第一只眼睛时，只要单击它，然后它会变成红色虚线的“编辑状态”，这时就可以调整参数了。

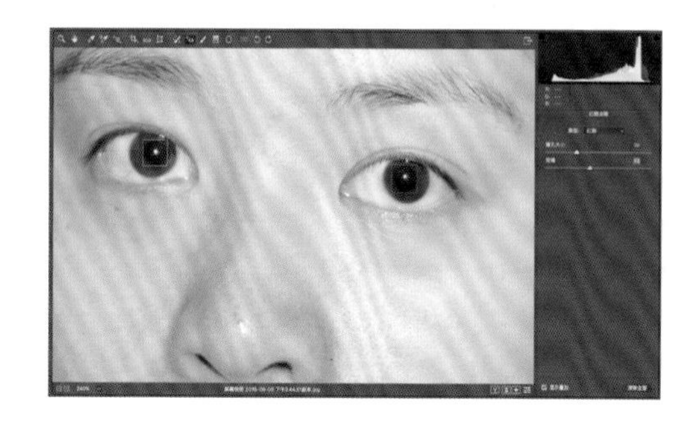

小提示

防红眼最好靠前期

正如本章开头所说，有很多办法都可以在前期进行防红眼操作。数码后期处理并非一个修补前期错误的方式，而是让照片变得完美的工具，需要修补的是相机无法完成的事情：制作全景，合成 HDR，精准识别色温，局部调整曝光，修复瑕疵，等等。

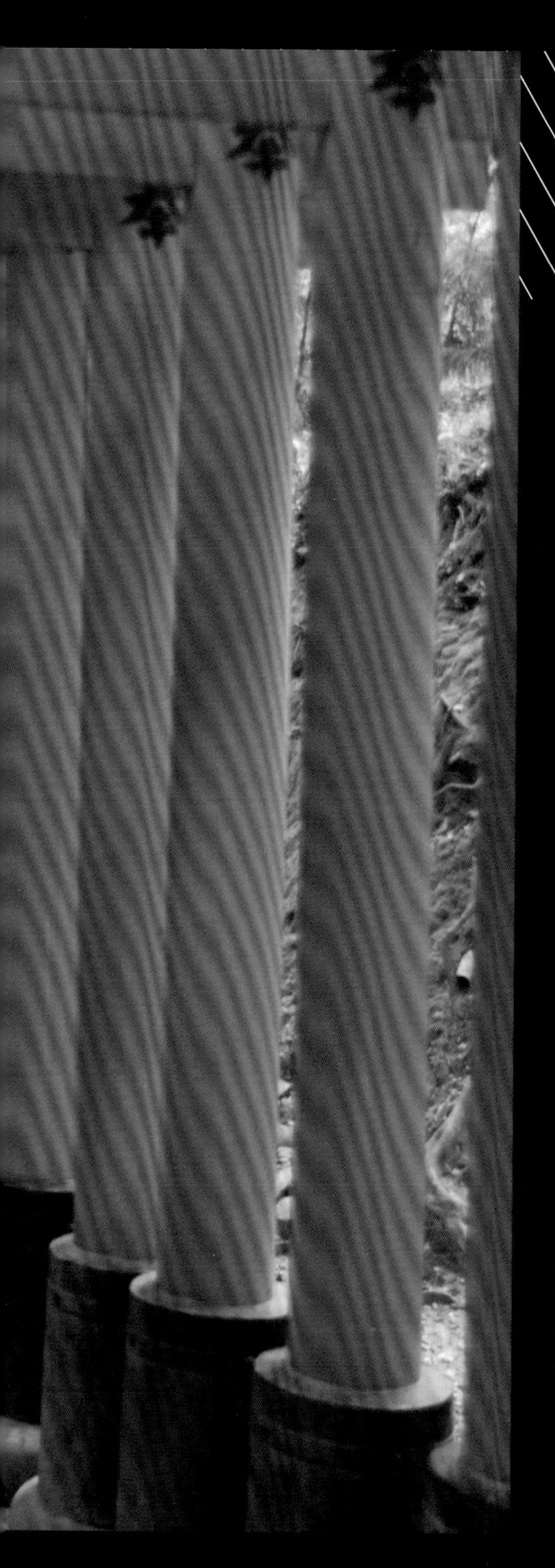

第3章

明暗与色调

本章学习“基本面板”，利用它能解决色调、曝光和照片表现问题，是最常用的面板。

ACR 在初始状态下显示的就是基本面板，足见其重要性。几乎每张照片的调整都需要用到它。这个面板以滑块操作为主，能够调整照片的色彩和亮度表现，其中不仅有整体处理，还有很多微妙的局部调整。

3.1 白平衡调节

工具概述

名称：白平衡调节
位置：基本面板最上方
功能：调整照片的色调表现
难度：★★☆☆☆

白平衡：提供与相机内白平衡类似的预设，以供用户快速更改照片色调。

色温：校正照片黄 / 蓝偏色。

色调：校正照片紫 / 绿偏色。

操作详解

1. 观察照片

打开文件后，先观察照片色温是否有问题，比如，这张照片的色调偏冷。处理照片时，需要对照片有自己的把控和主观分析，软件的作用是根据摄影师的意图校正色调。摄影师的“意图”是否正确则需要经过长期练习积累，以及多分析其他摄影师们的优秀作品。

2. 白平衡选项

这张照片是在阴天拍摄的。当打开 Raw 格式照片的时候，单击白平衡选项，就会看到如同相机中“白平衡模式”的预设：自动、日光、阴天等。如果打开的是 JPEG 格式照片，则白平衡中只有：原照设置、自动和自定 3 个选项。

3. 色温与色调

在白平衡中选择了自动或其他选项后，会发现下面的色温、色调数值也相应变化。此时的调整非常简单，如果照片偏某种颜色，只需要向该颜色的反方向滑动滑块。比如照片偏黄，就将色温向蓝色调整；照片偏紫，那就将色调滑块向绿色方向调整。我选择了色温 +29、色调 –23 的数值。这里需要强调一点：不要在意这些数值，只需要记住，如果偏某种颜色，就向反方向调整。

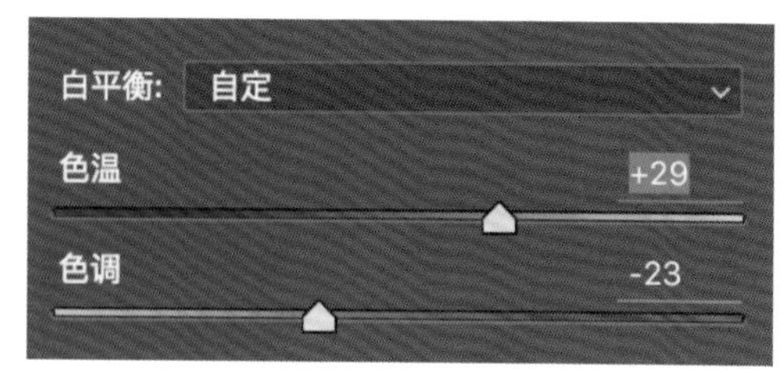

小提示

搭配使用

这 3 个功能可以搭配使用。先使用白平衡预设，找到一个最接近正确色调的效果，或者先使用工具栏中的白平衡工具对照片进行色调校正，之后再通过色温、色调滑块进行微调。

如何用 ACR 打开 JPEG 格式文件

这个功能可以在 Photoshop 的“首选项”中进行设置，以下是具体步骤。

1. 打开首选项

首先要找到“首选项”，Mac 和 Windows 系统中不尽相同。

Mac 系统：Photoshop> 首选项 >Camera Raw。

Win 系统：编辑 > 首选项 >Camera Raw。

之后会看到图所示对话框。

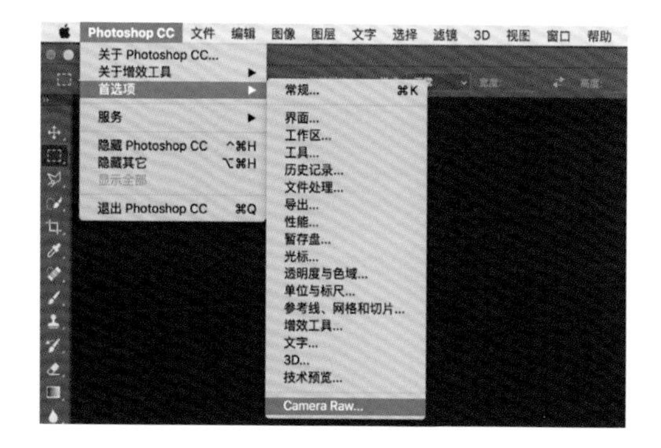

2. 设置 JPEG 打开

在下方的“JPEG 和 TIFF”中，将“JPEG”设置为“自动打开所有受支持的 JPEG”，然后单击对话框左上方的“确定”，就设置完成了。此时，绝大多数相机直接拍摄的 JPEG 格式文件都可以在 ACR 中打开。

3.2 曝光 / 对比度

工具概述

名称：曝光、对比度

位置：基本面板中上部

功能：调整照片整体亮度

难度：★★☆☆☆

这 2 项可谓是照片最基础，也是最重要的调整项了。曝光的调整工具就在色调下面，一共有 1 个选项和 6 个滑块。先来介绍比较整体的调节工具，也就是：自动 / 默认值、曝光和对比度。

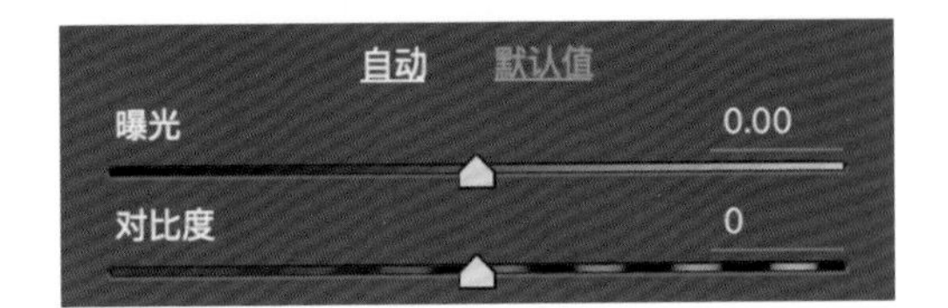

操作详解

1. 自动 / 默认值

在默认状态下，所有曝光参数都是 0，点击“自动”后，ACR 会根据电脑的分析为你生成自动效果。图片效果会有所改变，但不一定是改善。如果你想要微调，可以在自动的基础上，调整下面滑块的数值；如果你完全不满意，可以点击“默认值”，将所有曝光参数归零。

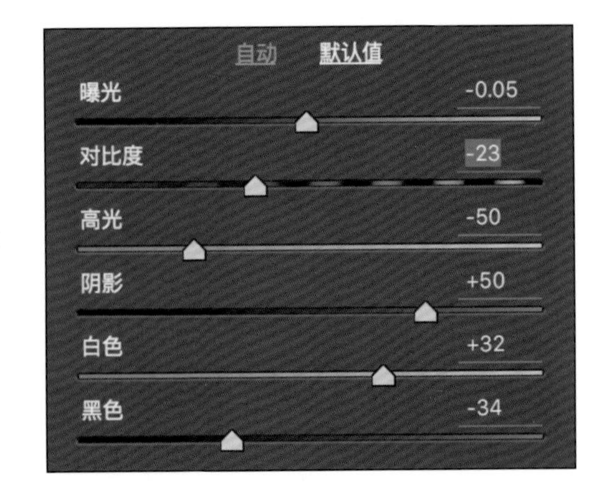

2. 曝光滑块

画面上的每个点，只要不是纯黑或纯白，都可以在固有的亮度基础上被提亮或压暗。将曝光滑块向右（正向）调整，画面上所有点的亮度都会被提高，通俗点说就是画面整体更亮；将曝光滑块向左（负向）调整，画面上所有点的亮度都会被压暗。不过提亮和压暗的程度是有限制的，只能上、下调整 5 挡曝光。

3. 对比度滑块

曝光是将画面中所有地方提亮 / 压暗，对比度则不是。将画面中的亮度分为 2 种亮度等级：亮部、暗部。如果增加对比度，会让最亮和次亮部分更亮，阴影和最暗处变暗，也就是提高画面对比度；反之，就会让亮部变暗，暗部变亮，减少对比度。

曝光与对比度的调整效果大致可以理解为如图所示。

向右滑动滑块（正向调整）	亮部	暗部
亮度示意图		
曝光	变亮	变亮
对比度	更亮	变暗

3.3 高光 / 阴影

工具概述

名称：高光 / 阴影

位置：基本面版中部

功能：分别控制照片中亮部和暗部的亮度

难度：★★★☆☆

高光和阴影滑块可以控制照片局部亮度。你可以将照片的亮度分为最亮、亮部、暗部、最暗4种区域。在调整照片时，有时候需要分别调整不同亮度区域的明暗表现。比如拍摄风光的时候，需要压暗天空，但是地面暗部区域的曝光不动。此时就需要使用到这2个滑块了。其中控制亮部区域的滑块就是“高光”，而控制暗部区域明暗的滑块是“阴影”。

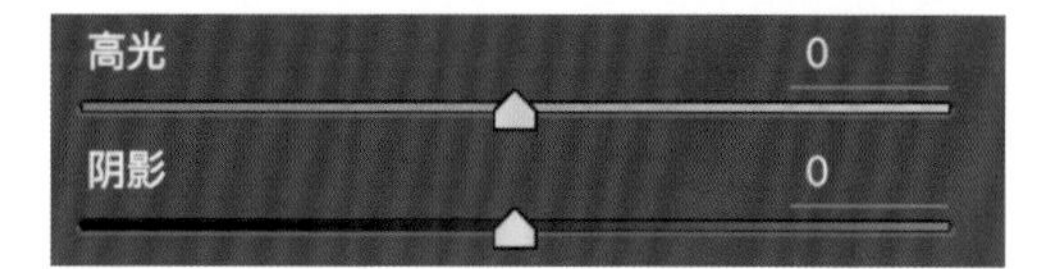

功能详解

1. 高光选项

该选项可以更改照片中亮度的明暗表现，比如这张照片，天空偏亮，而地面偏暗。此时可以利用高光滑块，调整照片天空处的亮度。比如现在我将高光调整到 -100，此时的效果就是降低较亮区域的亮度。

2. 阴影滑块

现在再来调整照片的暗部。此时前景偏暗，通过提高阴影滑块的数值，可以提亮照片中比较暗的区域。比如我将阴影设置为 +60，可以明显提亮前景，改善照片的情况。

3. 对比度滑块

曝光是将画面中所有地方提亮 / 压暗，对比度则不是。将画面中的亮度分为 2 种亮度等级：亮部、暗部。如果增加对比度，会让最亮和次亮部分更亮，阴影和最暗处变暗，也就是提高画面对比度；反之，就会让亮部变暗，暗部变亮，减少对比度。

向右滑动滑块（正向调整）	最暗	暗部	亮部	最亮
亮度示意图				
高光	不变	略变亮	变亮	略变亮
阴影	略变亮	变亮	略变亮	不变

联动作用

虽然我们看到在调整某个滑块的时候，其他亮度区域并没有受到太大影响，因为亮度信息是连续的，所以其实其他亮度区域依然会“受到牵连”，会出现较小的亮度变化。在调整时要注意画面的变化。

3.4 白色 / 黑色

工具概述

名称：白色、黑色
位置：基本面板中部
功能：调整照片最亮和最暗的明暗
难度：★★☆☆☆

首先来复习一下上一节的内容，将照片的亮度分为最亮、亮部、暗部、最暗 4 种区域。前面讲解了通过曝光控制整体明暗，用对比度增强光比，使用高光、阴影滑块控制“亮部”和“暗部”2个区域的明暗，而白色、黑色滑块是用来控制最亮、最暗这 2 个区域的亮度。

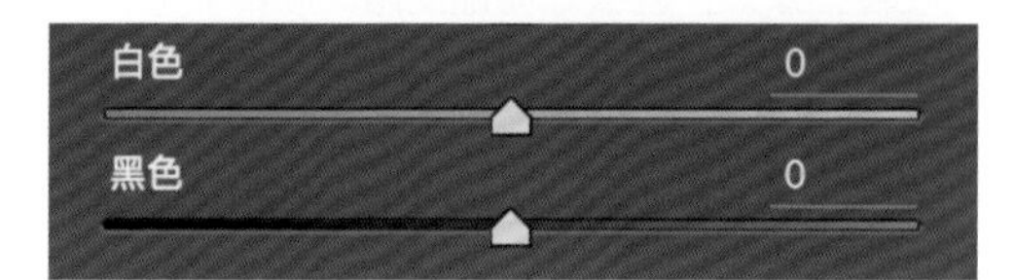

功能详解

1. 白色选项

当想提亮或者压暗照片中非常亮的区域时，就要使用白色滑块，这里用一个比较极端的例子演示一下。这是一张光比很高的照片，将白色滑块调整到 +100 后，与原图相比，天空的白色部分被提亮直至曝光过度，水面的亮部区域也被提亮，但是暗部受影响不大。

数值下降到 -100 的时候，天空被明显压暗，水面上的高光区域也是如此，而岩石的明暗变化依然不大。这个滑块的调整不宜过大，否则很容易出现曝光过度区域。一般我会正向调节稍微提亮高光，或者在提亮曝光时负向调节，以防止原有的高光曝光过度。

2. 黑色滑块

再来看看黑色滑块对于暗部的影响。其效果原理与白色相似，不过这次的调整区域换成了画面最暗的地方。当提升黑色滑块到 +100 时，树林被显著提亮，而白色的天空几乎没有变化。

当数值变成 -100 的时候，地面和水面的暗部都变成了纯黑，而亮部依然受影响不大。这是因为黑色滑块负责的是画面最暗部分的明暗。

至此，已经介绍完了基本面板中关于曝光的 1 个选项（自动 / 默认值）和 6 个滑块，结合前面介绍的色温调整，就可以对照片的整体色调和曝光进行调整啦！

向右滑动滑块（正向调整）	最暗	暗部	亮部	最亮
亮度示意图				
曝光	变亮	变亮	变亮	变亮
对比度	变暗	变暗	变亮	变亮
高光	不变	略变亮	变亮	略变亮
阴影	略变亮	变亮	略变亮	不变
白色	不变	不变	略变亮	变亮
黑色	变亮	略变亮	不变	不变

3.5 清晰度

工具概述

名称：清晰度
位置：基本面板下部
功能：调整照片的表现力
难度：★☆☆☆☆

清晰度是一个综合性滑块，它并非对照片的单一表现进行处理（如曝光等滑块都是单一功能滑块），当提升或降低清晰度时，画面的对比度、锐度、细节表现都会出现变化，随之而来的亮度、饱和度也会出现细微变化。

功能详解

1. 增加清晰度

左侧为原图，右侧是清晰度增加到 100 后的样子，可以看到照片的对比度、风力发电机的边缘锐度和水面的细节都有所提升。

2. 降低清晰度

左侧为原图，右侧是清晰度降低到 –100 后的样子，此时的变化非常明显，照片的细节大量丢失，比如水面和岩石的纹理。而且对比度会降低，照片的边缘部分会模糊，使照片变得很朦胧。

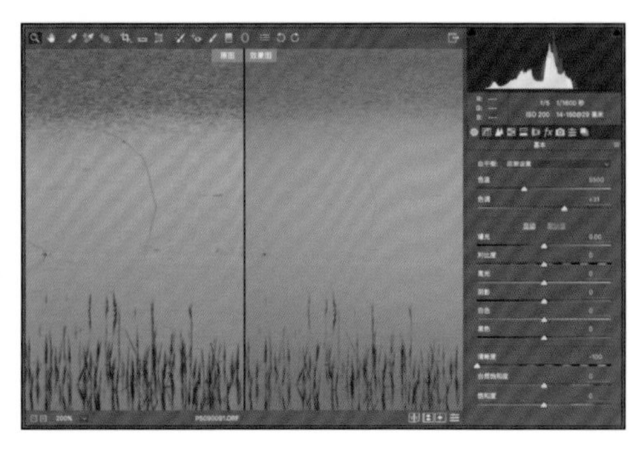

应用范围

什么时候提高清晰度？

当要表现细节和层次的时候，比如在微距、风光、静物等题材的照片中，清晰度滑块经常会被使用。因为它可以提升照片的综合细节表现，达到画龙点睛的效果。在突出质感的照片中，比如拍摄纹理特写、皮肤沧桑的老者肖像时也会使用该滑块。

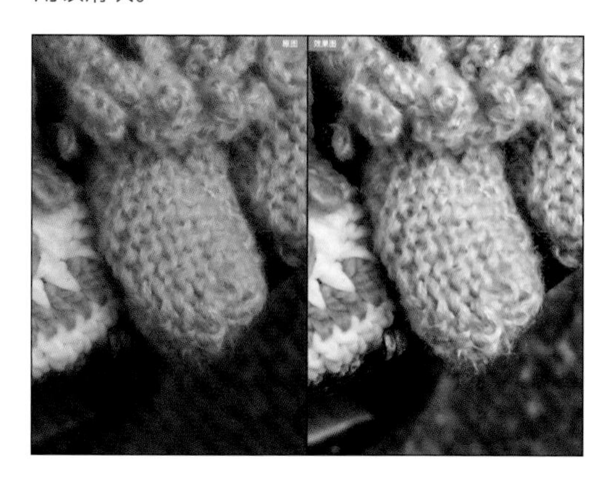

什么时候降低清晰度？

在需要制造朦胧效果，或者是隐藏细节的时候，就需要降低清晰度了。比如，拍摄慢门海景要让照片表现出虚无缥缈的感觉时，或者是拍摄人物，想制造柔滑皮肤的时候。

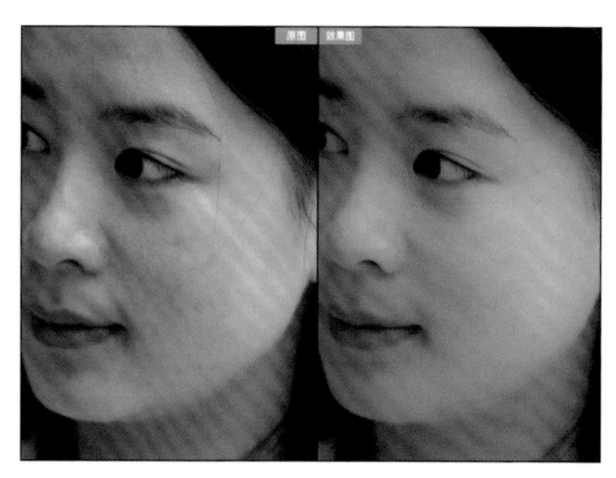

小提示

1. 清晰度无法把模糊变清楚

清晰度和锐化都是对照片的细节进行处理，但是请注意，这两个滑块都不可能把本身拍虚的照片变清楚。调整得当可以适当缓解虚焦的效果。

2. 要适度调整

无论是正向还是负向，清晰度都要适当调整。正向调整过多时，可能出现曝光过度、锐化过度的现象；负向调节太多则会让照片变得很假。调整时，要将照片放大到 100%，仔细查看调整的效果。

3.6 饱和度 / 自然饱和度

工具概述

名称：饱和度 / 自然饱和度
位置：基本面板最下方
功能：提升 / 降低照片色彩的表现力
难度：★★☆☆☆

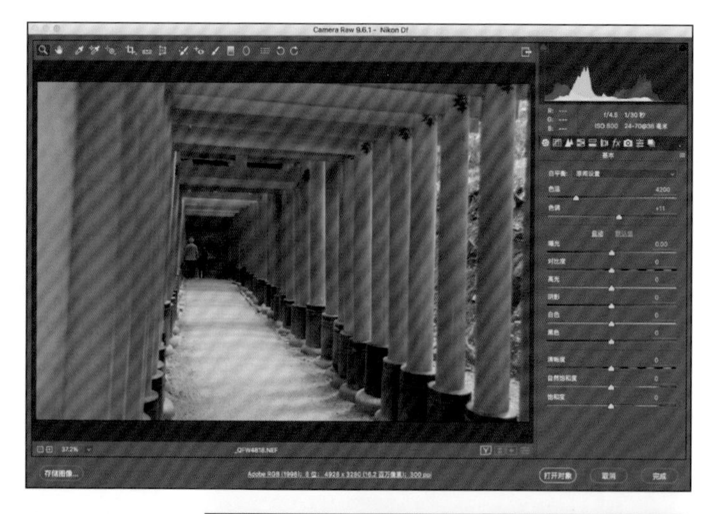

有时候需要让照片颜色艳丽，冲击观者的眼球，有时候则需要轻描淡写，用褪色的萧瑟表达自己的心情。在修图的时候，如何把“艳丽”、“萧瑟”这些形容词转化为调整的方法，就是你需要考虑的东西了！今天我来给大家讲基本面板的最后两个滑块：自然饱和度、饱和度。

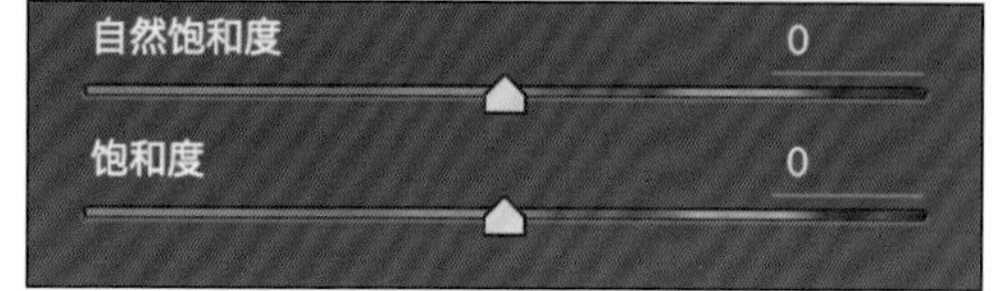

功能详解

1. 饱和度

这个滑块位于基本面板最下面，但是我们先来讲它，因为该滑块比较好理解。该滑块控制照片中所有色彩的鲜艳程度。当我将它向右侧滑动，则照片中所有色彩都会被一视同仁地变得更加鲜艳，变鲜艳的程度是一样的。这里需要强调的是，原来颜色表现比较弱的地方，增加饱和度后依然在画面中属于颜色表现较弱区域。当我将饱和度降低到 -100 的时候，画面变成黑白，所有颜色都消失。饱和度为 +100，道路的颜色被增强，但鲜艳程度依然比橙色的鸟居差很多。饱和度 -100，此时照片中所有的色彩被全部移除，照片变成黑白，右图饱和度数值为 0，作为对比。

2. 自然饱和度

当你理解了饱和度，在其基础上我来讲自然饱和度。不同于饱和度的“一视同仁”，自然饱和度会检测画面中颜色的鲜艳程度，尽量让照片中所有颜色的鲜艳程度度趋于一致，正向调整的时候，自然饱和度会优先增加颜色较淡区域的艳艳度，将其大幅度提高。自然饱和度为 +100，可以明显看到地面的颜色原本比较淡，现在饱和度被大幅度提高，而本来就很鲜艳的鸟居，饱和度并没有被提高太多。当你将自然饱和度降低到 -100，你会发现照片并没有被完全去色，而是会有很多颜色保留——本来颜色淡的地方被去色，而强烈色彩的区域颜色有所保留。和饱和度相比，自然饱和度更加智能，它会对黄色和绿色区域进行保护，也就是当你大幅度更改数值的时候， 黄色的鲜艳程度不会被提高太多，由此来保护人物皮肤、风光照中的绿叶等区域的表现。

小提示

1. 调整幅度

无论是哪个滑块，都不要过度调整，尤其是增加数值的时候！因为饱和度如果太高，可能会造成颜色不真实、过渡不自然、细节丢失等问题。即便是比较智能的自然饱和度，也不能过分提升。

2. 搭配使用

自然饱和度会根据画面的饱和度对照片进行优化，所以你可以先调节饱和度、再调节自然饱和度，搭配使用，拿捏你最想要的效果。

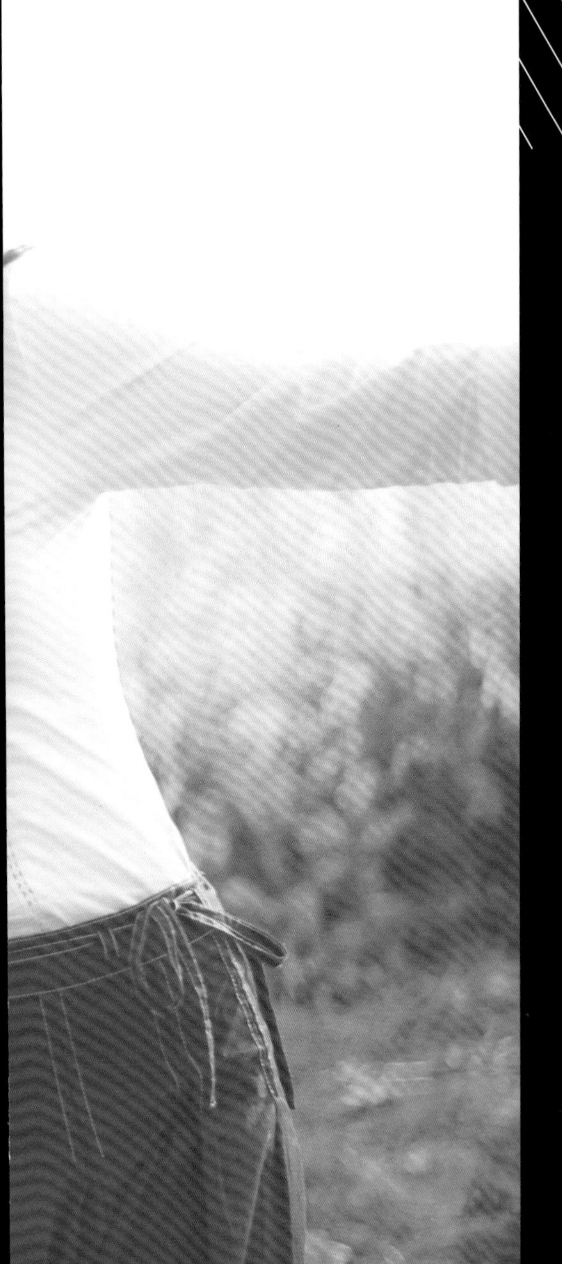

第 4 章

让曲线飞扬

ACR 中最灵动的工具非曲线莫属。

曲线是 ACR 中最令人着迷的工具之一。它将数值和滑块变成了一个坐标系，并在其中通过一条线来控制照片的明暗和色彩。当看到一张优秀的作品，追问作者是怎么调出来的时候，作者会轻描淡写地说：我拉了拉曲线。不要认为他是敷衍而已。用好曲线，谁都可以成为一个“狡猾”的修图高手。

4.1 参数曲线

工具概述

名称：参数曲线
位置：色调曲线面板 > 参数子面板
功能：局部处理照片的明暗
难度：★★★☆☆

参数曲线的功能类似于上一章讲到的曝光选项，利用它可以控制照片的明暗，不过相比于滑块，这条曲线的控制更加精准，也能给使用者更高的自由度。本节将会介绍这条曲线表示什么，以及如何使用曲线中的第一个子面板——参数曲线。

曲线在哪里？

将一张照片在 Adobe Camera Raw 中打开，进入 ACR 的主界面，这时候在界面右侧的面板栏，单击第 2 个图标“色调曲线”面板，就可以进入曲线设置的主面板。在“色调曲线”面板下方，有两个子面板，单击其中的“参数”，就可以进入“参数曲线”界面了。

界面详解

曲线主体：初始状态下，曲线是一条从左下到右上的直线（称为基准线），背景则是直方图。曲线的横轴代表亮度——跟直方图一样，左侧为最暗，右侧为最亮。在参数曲线中，可以通过调整这条线，来控制照片的明暗。当曲线高于基准线时，此处就变亮；反之，低于基准线则变暗。

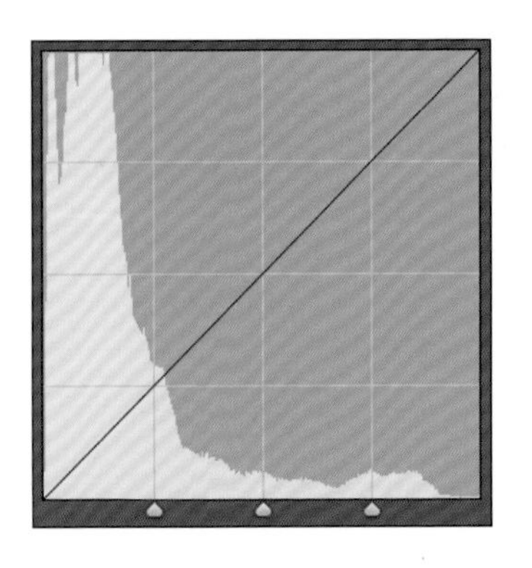

这 3 个滑块将曲线的亮度分为 4 个亮度区域，最左侧为阴影，最右侧为高光，分别对应下面的 4 个调整项目。可以调整这 3 个滑块，来选择这些区域的范围，比如将阴影区域扩大。在之后的调整中，利用下方的“阴影”选项就能调整更广泛的亮度区域。

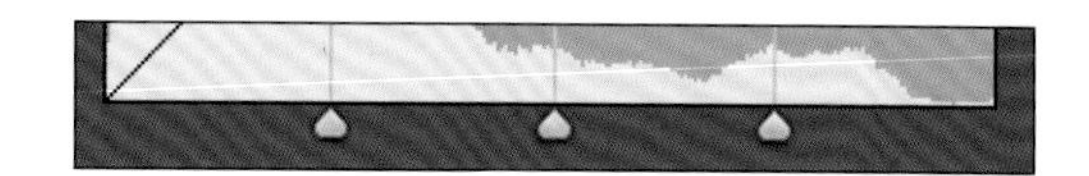

这 4 个滑块的作用是调整相应区域的亮度，当调整“高光”时，对应的高光区域就会变亮或者变暗，其他滑块也是如此。值得注意的是，在该模式下，无法在曲线上直接调整，必须通过下方滑块调整。

滑块和分管区域示意图：曲线下方的 3 个滑块将曲线分成 4 部分，分别对应了底部 4 个滑块，利用这 4 个滑块可以调整相应区域的明暗效果。

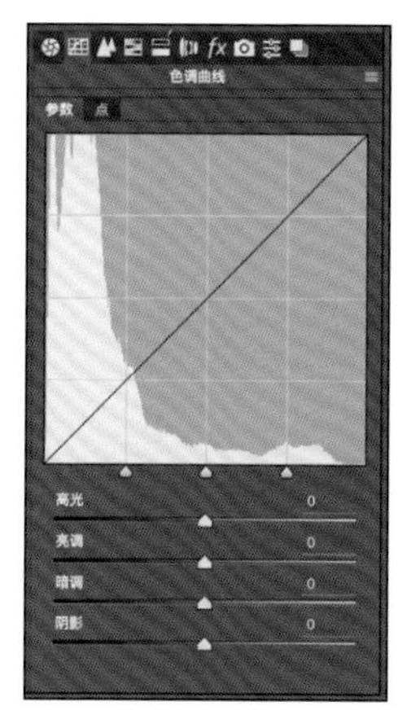

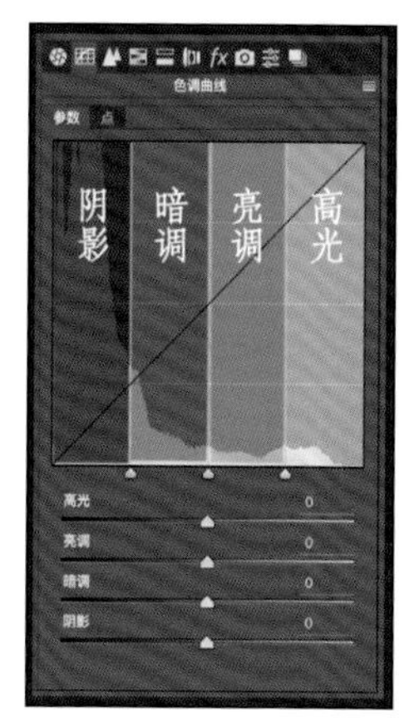

操作详解

1. 分析照片

打开一张照片后，先要看看需要调节哪些参数。比如这张照片，拍摄于晚上，我认为被灯光照亮的高光区域没有问题，而暗部可以做一些文章，于是打开曲线面板，针对暗部进行处理。

2. 滑块处理

将暗调滑块提升到 +90，大幅度提亮画面中间调偏暗的区域，由于此时最暗的区域也被连带提亮了，所以我把阴影调整为 -45，让最暗的区域保持原样。提亮较暗区域、压暗最亮区域，这种手法在处理照片中非常多见。之后我还将高光调整为 +30，让背景更有质感。

3. 微调提亮区域

还可以通过调整曲线下方的 3 个区域选择滑块，来微调提亮的区域。比如，将中间的滑块和左侧滑块向左侧拉动，也就是将暗调、阴影的可调节区域变小，此时曲线上显示，提亮的区域也相应减少了。

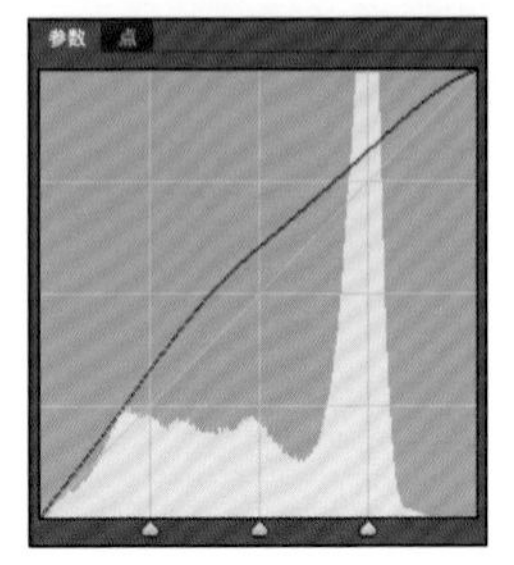

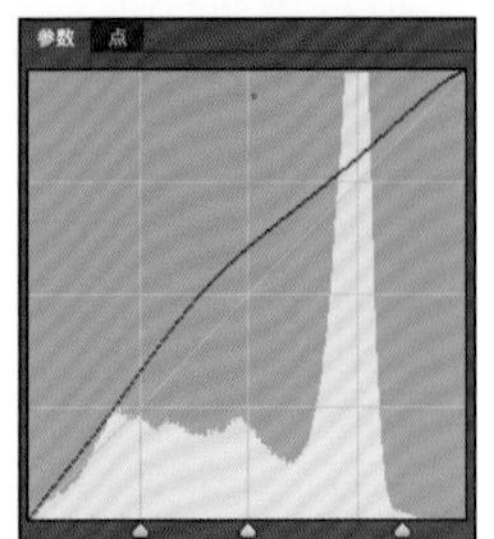

小提示

1. 实践出真知

曲线是一个比较抽象的工具，尤其是通过和基准线对比，来判断画面中明暗效果，以及把它和直方图对应观看，因此需要多多练习。亮度区域划分也需要实践才能融会贯通，这主要是微调画面，让画面达到最佳效果，而非大幅度调整，其中妙处，需要在实践中细细体会。

2. 关联性

参数曲线虽然划分了 4 个区域，但是曲线是连续的，所以这些参数之间也有关联。比如，调整阴影的时候，如果幅度很大，那曲线会大幅度上扬，亮调、高光也会受到波及。不过这种关联性也让调整效果更加自然。

3. 和基本面板的关系

参数曲线的 4 个调整项和“基本面板”里的 4 个区域性亮度滑块非常相似，功能也类似。但是在曲线中，可以通过 3 个区域选择滑块，自定义调整区域。

4.2 点曲线

工具概述

名称：点曲线
位置：色调曲线面板 > 点子面板
功能：局部处理照片的明暗
难度：★★★☆☆

和参数曲线不一样，当单击“点”子面板后，会发现滑块消失了，面对的就是一条线。这时候就无需借助滑块，直接用鼠标就能直接拖动曲线，来改变照片的明暗效果。点曲线位于曲线面板的第二个子面板里。

界面详解

曲线预设：点开后会看到线性、中对比度等选项。如果安装了其他预设，也会在此处的菜单中出现。线性就是一条直线，而对比度选项则可以制造轻微“S”形曲线，增加照片对比度。可以先选择预设，然后再进行自定义调整。

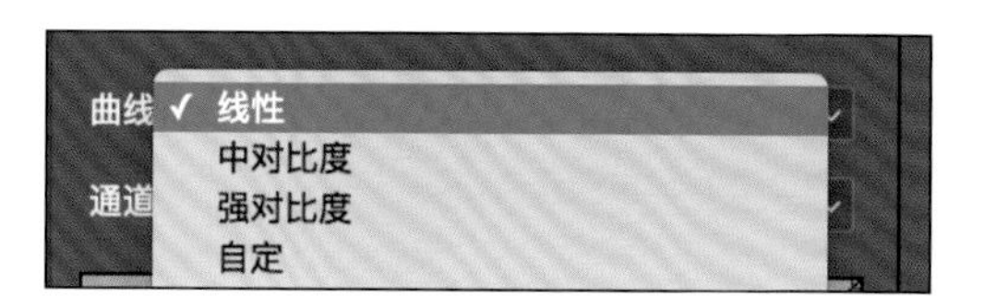

通道：这里面会有 RGB、红、绿、蓝 4 个选项，可以用来控制照片全局的亮度，以及不同颜色在照片中的表现。

曲线本体：这个曲线的原理和参数曲线一样。与参数曲线不同的是，这里没有滑块的限制，可以非常自由地调整曲线的形态，如图所示。

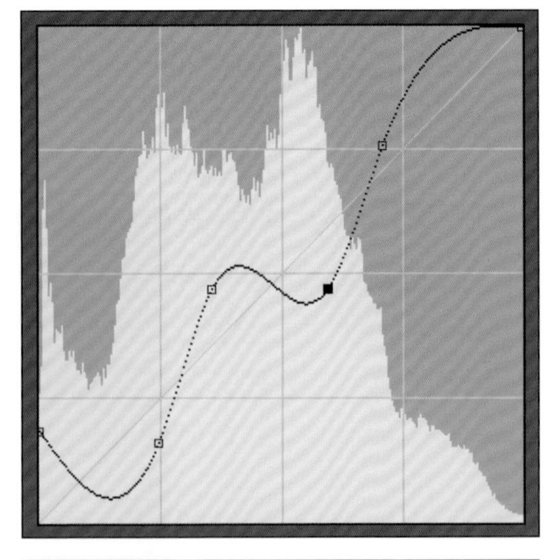

坐标输入：在这里可以输入数值，输入为横坐标，输出为纵坐标。可以在曲线上单击鼠标左键，建立一个坐标点，然后输入 0 ～ 255 的数值（表示亮度从黑到白），来定义曲线形态。

输入：0 输出：0

操作详解

1. 进入功能界面

在 Adobe Camera Raw 中打开一张照片，然后从右侧的面板栏中选择“色调曲线”面板，之后在其中选择“点”子面板，进入点曲线。此时可以直接在“曲线”选项中选择不同的预设，来查看效果。如果不喜欢，单击“线性”就可以回到最初的直线状态。

2. 手动调整

在这里会更多地进行手动操作。首先在曲线上单击鼠标左键，建立一个坐标点，然后在此处按住鼠标左键并拖动，就可以移动坐标点的位置。然后可以继续单击曲线，建立第二个坐标点，再继续调整。同时可以观察照片的变化，将其作为调整的依据。此时下方的数值会有显示，可以输入数值，但是这种情况很少。

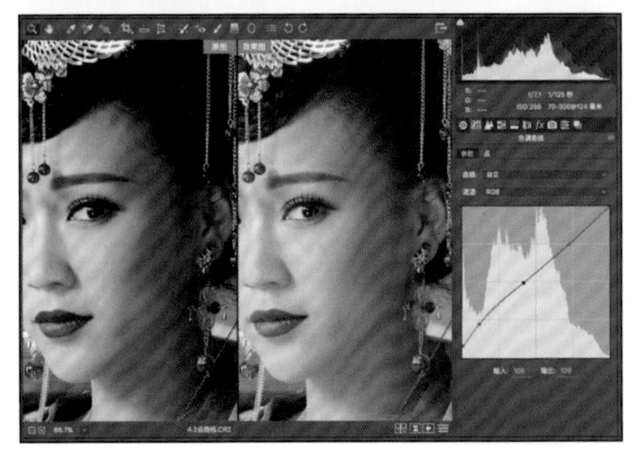

此时需要把握以下原则：曲线纵向分为 4 个区域，分别代表照片中亮度最暗、暗调、亮调和最亮的区域。当在曲线上建立一个点，然后向上拖动的时候，曲线高于基准线，此处就被提亮，反之则压暗。这里需要注意，曲线是一条线，而非单个点，所以点与点之间是有联动作用的。

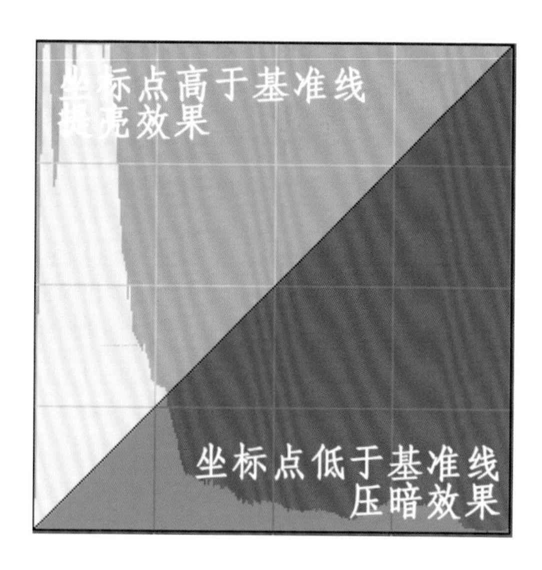

4.3 通道曲线

工具概述

名称：通道曲线

位置：色调曲线面板 > 点子面板

功能：局调整照片的色调

难度：★★★★☆

首先来说什么是通道。很多人都听说过通道，但具体是什么呢？数码照片的所有颜色都是由红、绿、蓝组成的（也就是人们常说的 RGB）。每一个像素都包含这 3 种颜色，也就是 3 个“通道”。利用曲线可以分别对红色、绿色和蓝色通道进行调整，简单地说，如果增强蓝色通道，那整个画面就会偏蓝。基于这个共识，学习通道曲线就会简单很多，它就是通过增强和减弱这 3 种颜色，来调整色调的。

界面详解

通道选择：这里面有RGB、红、绿、蓝4个选项，选择RGB，可以调整照片亮度；选择下面的颜色，就可以调整这种颜色及其互补色在画面中的表现。

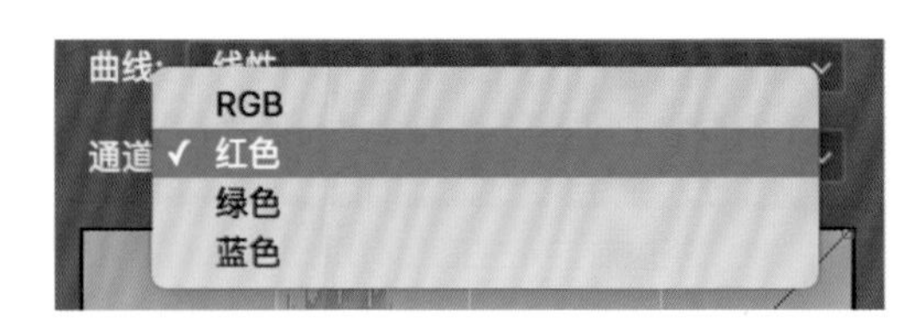

颜色直方图：选择某种颜色之后，就可以看到该颜色在画面中的直方图表现，它可以为调整提供参考。

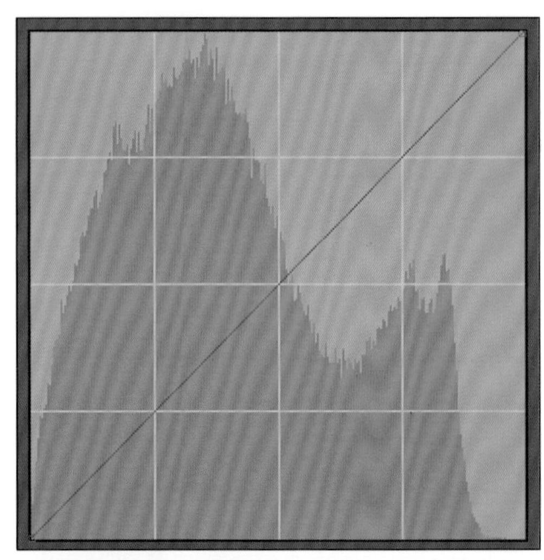

坐标点（或调整点）：可以通过在曲线上单击鼠标左键的方式建立坐标点，然后按住鼠标左键并拖动来更改点的位置。如果不想要这个点，可以选中该点并按Delete键，或者将其拖动到曲线末端，来消除它。

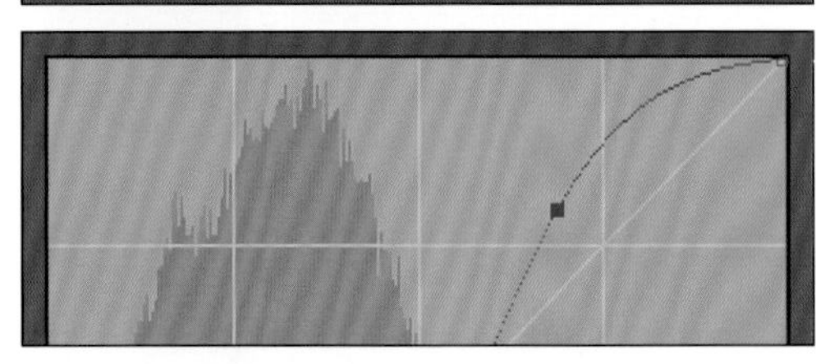

坐标输入：这里可以输入数值，输入为横坐标，输出为纵坐标，可以输入0～255的数值（表示亮度从黑到白），来定义曲线形态。我一般都是在曲线上拖动鼠标，这个数值不用手动输入，只是个参考。

输入：176　输出：204

操作详解

曲线可以用来调整画面的亮度，而在通道曲线中，上拱或者下凹的曲线不再用于控制亮度，而是控制色调。选择红色通道，然后将曲线向上拉，制造一个上拱的曲线，此时画面整体的红色表现会增强，说白了就是照片整体偏红。如果下压曲线，制造一个凹陷的形状，则画面会偏向红色的补色——青色。

切换到绿色曲线，调整上拱或下凹曲线，其色调分别会偏绿和偏品红色。以此类推，蓝色曲线上拱时画面偏蓝，而下凹的时候整个画面会偏黄。

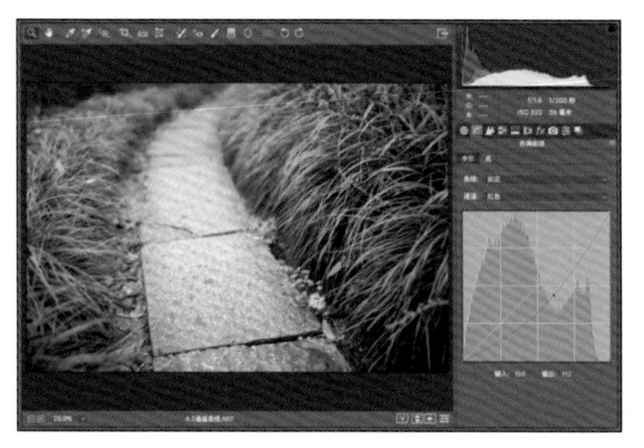

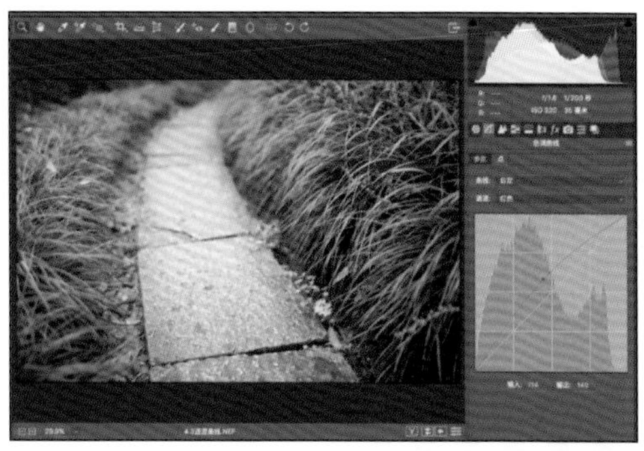

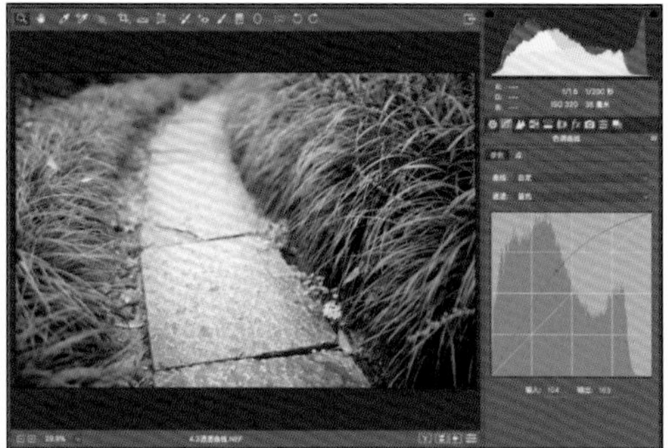

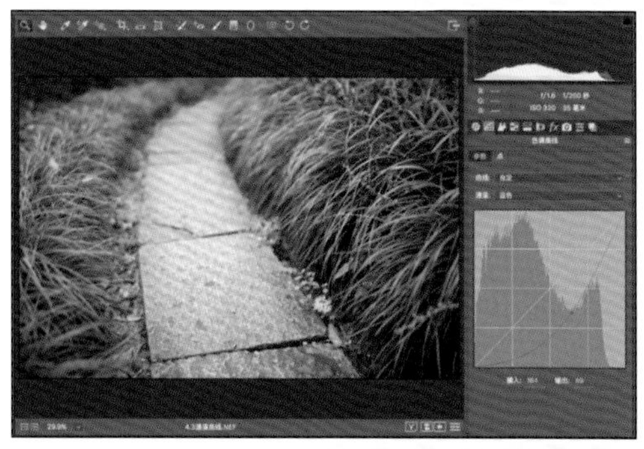

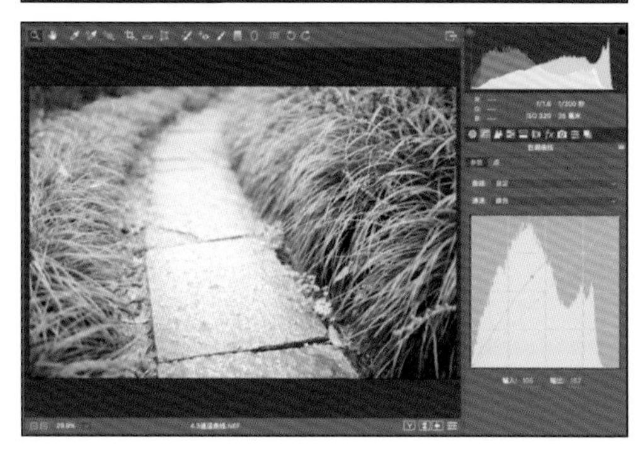

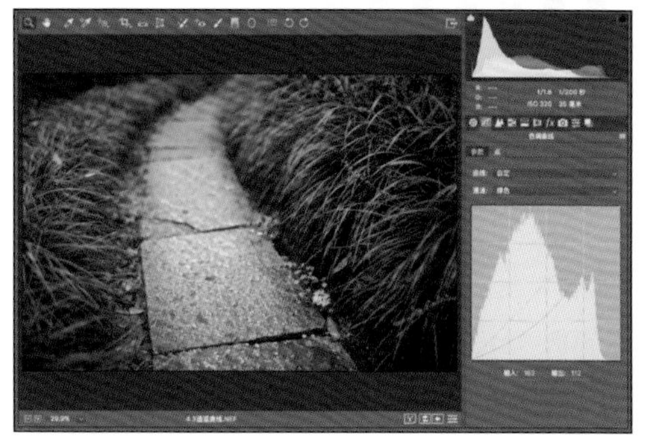

操作详解

校正色温：由于通道曲线可以用来调整色调，所以如果照片偏色，可以用它反向调整，来校正偏色。原照片偏品红色（可以理解为紫色）时，可以选择绿色通道，然后将曲线上拱，通过偏绿效果抵消照片偏品红色的问题。

此时要注意红色、品红色及绿色、青色的细微差别，以及调整的幅度。可以看到，示例的调整幅度非常小，就已经得到了立竿见影的效果，读者可以多多尝试，以便得到最佳结果。

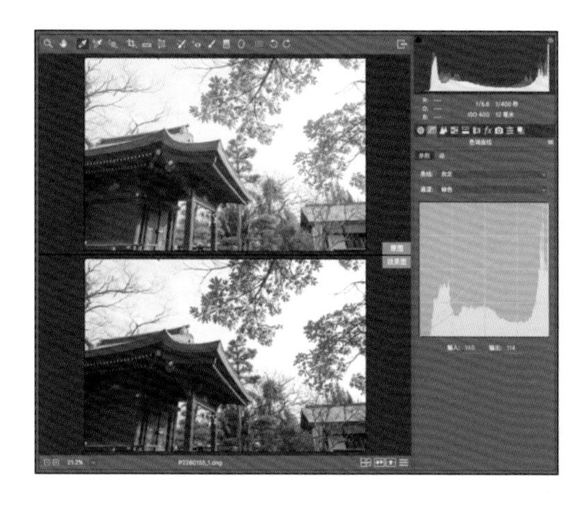

创意效果：可以混合各种偏色，来制造属于自己的“小清新”或“重口味”效果。曲线不仅可以高于或者低于基准线（初始状态的直线），还可以制造“S”形曲线等无数形态。

比如使用红色通道，将曲线设置成“S”形，此时画面亮部会偏红，而暗部则偏青，通过 3 个通道的调整，可以得到更多有趣的效果。

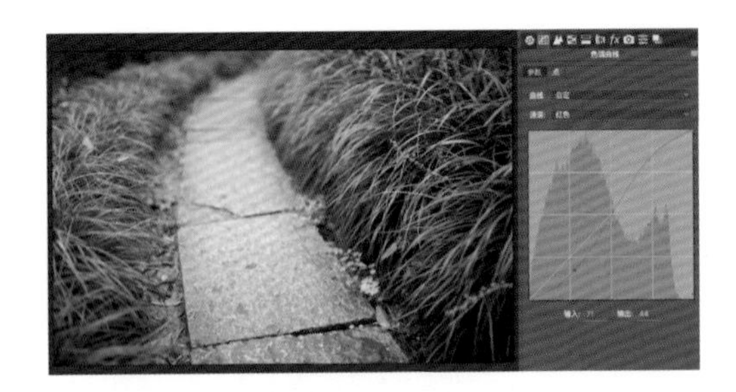

实例演示

下面通过一个例子，演示如何综合利用曲线将一张照片调整为文艺的色调效果。

1. 点曲线提亮暗部

要制造文艺效果，首先就是将暗部提亮。所以在色调曲线面板中，单击“点”进入点曲线界面，在曲线最左侧单击建立调整点，将其向上提，然后在画面上再建立 2 个调整点，制造如下的曲线。

第 1 个点：输入 0，输出 63。

第 2 个点：输入 86，输出 100。

第 3 个点：输入 169，输出 179。

此时可以看到，照片暗部被提亮，呈现一种灰蒙蒙的效果，不再如此“数码”。而曲线整体高于基准线，所以整体亮度也被提亮，这是制作侧逆光小清新效果的前提条件。

2. 红色通道

然后将对红色通道进行调整，单击“通道”，在下拉菜单中选择“红色”，就可以调出红色曲线。利用红色通道可以让照片偏红或者偏青，此时我要制造一个反“S”曲线，让照片暗部偏红、亮部稍微偏青色。

第 1 个点：输入 68，输出 82。

第 2 个点：输入 203，输出 193。

此时可以看到，曲线左侧高于基准线，所以暗部偏红；而右侧低于基准线，所以天空等亮部偏青色。其弧度代表着偏色的严重程度。可以看出，左侧暗部弧度比亮部大，所以暗部偏红更加强烈，亮部偏青比较浅淡。

3. 蓝色通道

现在调整蓝色通道，在通道下拉菜单选择蓝色，然后重复刚才的操作。依然调整为反“S”曲线，这次是让暗部偏蓝，亮部偏黄。

第 1 个点：输入 65，输出 86。

第 2 个点：输入 196，输出 173。

这时候可以明显看到画面中的变化，不过人物的衣服因为颜色混合，现在看上去有点“脏”，这个可以通过下一步提亮来解决。

4. 参数曲线提亮

此时我发现照片需要提亮，在色调曲线面板下方单击“参数”进入参数曲线子面板。将亮调和暗调都提高到 +34，可以明显提亮画面，然后可以配合清晰度、自然饱和度等参数的调整，最终到达满意效果。

第 5 章

严谨的
锐化与降噪

锐化照片与降低噪点，需要仔细斟酌、精益求精。

锐化和降噪操作，都必须将照片放大到 100% 来进行。此时数码相机的弊病将无所遁形，通过本章讲解的两个操作，可以最大限度地提升照片的画质。专业还是业余，细节面板的操作无疑是重要的衡量标准。

5.1 锐化

工具概述

名称：锐化
位置：细节面板上部
功能：锐化照片
难度：★★☆☆☆

锐化是很多人魂牵梦绕的操作，但有些人并不知道照片该不该锐化或者锐化到什么地步，但就是觉得不锐化调整就不完整。的确，在一张照片的处理流程中，调整完曝光、色彩等参数，最后进行锐化是没有问题的，不过一定要科学锐化！很多人认为锐化就是随便一调，大体看上去不错就好了，其实这种想法大错特错。在 ACR 中，细节面板内的锐化提供了详细的选项，可供用户有凭有据地锐化照片。

锐化莫神化

在讲解锐化之前，先要说明：为什么要锐化？锐化到底能起到什么作用？锐化可以一定程度上增加边缘的反差，但是绝不能把虚焦或者因相机剧烈抖动造成的模糊变清晰。锐化主要是用来给照片锦上添花的，为合焦但不够锐利的照片增强视觉冲击力。

如果锐化使用不当，会导致高光曝光过度、暗部曝光不足、画面出现颗粒感、景物边缘出现亮边等极为难看的瑕疵。需要通过这 4 个滑块对锐化的强度、区域、程度和范围进行权衡，才能得到最佳的锐化效果。下面就来一起操作吧！

界面详解

Photoshop、Lightroom 以及 ACR 都是常用的处理照片工具，但其实它们的汉化并不贴切。这些让人迷糊的名称其功能和字面意思相差得有点远，下面就来为大家介绍一下它们的真正用途。

数量：锐化的程度，数量越大锐化越强烈。

半径：锐化使边缘反差加大，半径滑块控制其影响范围，数量越大影响范围越大。

细节：锐化会突出细节，同时让照片噪点增多。将细节滑块向左侧移动可以抑制噪点，但是锐度也会降低；向右滑动可以让照片更锐利，但是噪点也会很突出。

蒙版：这个和 Photoshop 中的蒙版没有任

何关系，利用该滑块可以根据照片信息来控制锐化作用范围。向右侧移动该滑块，锐化范围会减少。

操作详解

1. 放大图像

在 ACR 中打开照片，然后单击右侧面板栏第 3 个图标，进入“细节”面板。此时在左下角将画面显示比例设置为 100%，甚至是 200%，然后观察调整的细节。这时候可以按住空格键，切换为抓手工具，然后拖动鼠标以更改画面视图。

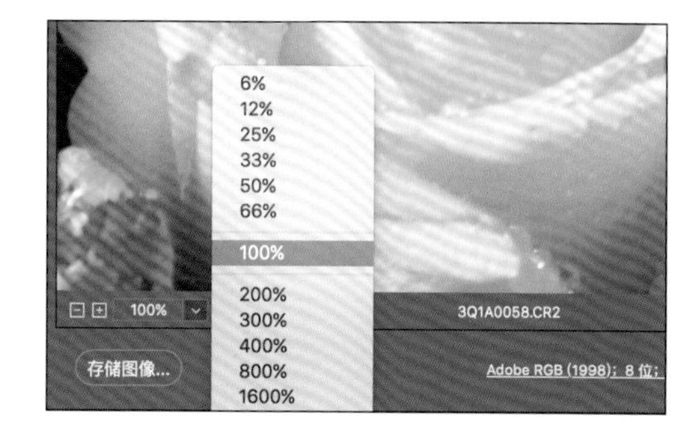

2. 数量滑块

锐化的数量在默认状态下并不是 0，而是 25，这是为了抵消相机成像时照片的模糊。可以将视图移动到想要锐化的区域，然后将数量滑块向右侧滑动，以增强锐化效果。我将其设置为 105，可以看到花瓣明显变锐利，但是画面上的颗粒感也明显增加。要消除这些颗粒感，要靠“细节”滑块。下面先通过“半径”滑块来控制锐化的范围。

3. 半径滑块

半径滑块的默认值为 1.0，该数值可以在 0.5 ~ 3.0 进行设置。可以左右拖动滑块，观察它对画面锐度的改善。半径太小的话照片锐化程度不够，但是太大则会在边缘形成亮边，让物体边缘不自然。经过调整，我认为对于这张照片，半径 1.5 是一个不错的选择。

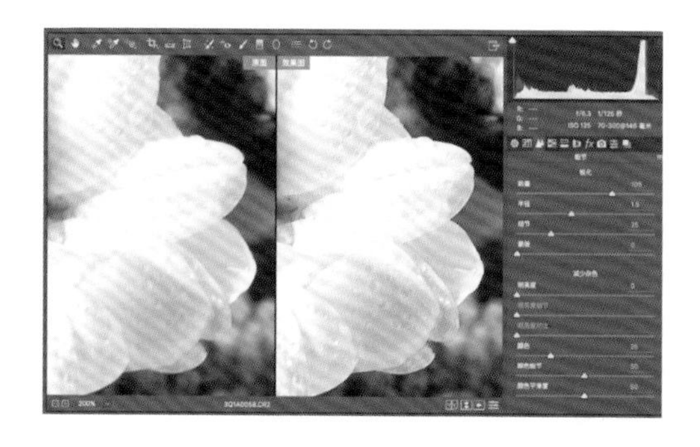

4. 细节滑块

细节滑块的默认值为 25，它的主要功能是消除锐化造成的颗粒感。不过过度调整会导致照片锐度下降，所以需要寻找平衡点。如果将它归零，照片的颗粒感会很弱，但是锐化的强度也会随之减弱。如果调整到最大值 100，锐化也会是最大值，不过照片上的颗粒会很严重。细节数值太低，画面噪点少但不锐利；细节数值太高，画面锐利了但噪点多。所以平衡下来，我选择保持默认值 25，在该数值下，锐度和噪点我都可以接受。

在调整的时候，可以按住 Alt 键，同时用鼠标拖动滑块，此时画面会以灰度形式展现噪点和锐度情况。相比于彩色照片，通过灰度视图调整，可以去掉颜色干扰，更加直观地看到边缘的锐度和噪点颗粒的表现。

5. 蒙版滑块

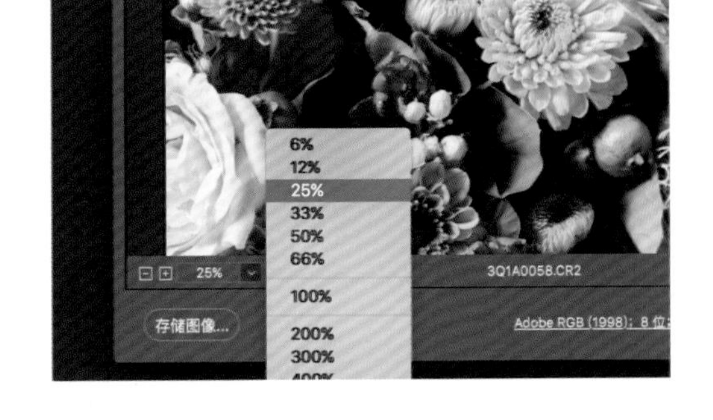

锐化如果作用于全图，一些没有边缘的纯色、过渡区域也会受到影响，造成过渡不自然等现象。ACR 可以识别这些区域，利用“蒙版”滑块控制锐化区域，可以仅仅锐化边缘，而使其他区域不受到影响。这个调整无需太细致地观察照片，可以在 ACR 左下角将视图调整为“符合视图大小”，或选择认为合适的视图，这里选择了 25%。

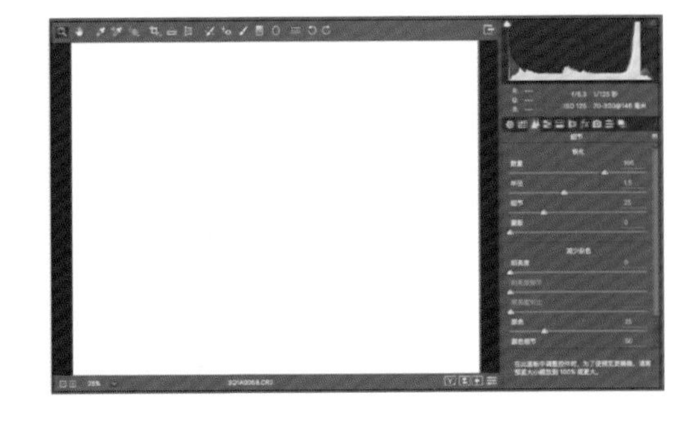

调整的时候，依然需要按下 Alt 键的同时调整“蒙版”滑块。蒙版的默认值是 0，此时画面会变成全白，这意味着所有区域被锐化。提高数值，会出现黑色区域——不被锐化影响区域。被锐化的区域将向照片中物体的边缘集中，逐渐缩小范围。

按住 Alt 键的同时用鼠标拖动“蒙版”滑块，画面由白色慢慢变黑，只有物体边缘是白色。此时该滑块的数值是 50。再强调一遍，此时必须在按下 Alt 键的同时拖动“蒙版”滑块才能进入该视图模式。黑色区域代表不锐化区域，而白色区域则是锐化的区域。因为只需要锐化景物的边缘，所以将其调整为这样，以免背景受到锐化的影响，而使画质降低。

小提示

1. 无损操作

虽然过度调整会使照片出现噪点或亮边，但是 ACR 中的滑块操作都可以调回来，所以这个操作依然是无损操作。其实，ACR 中所有的操作都是对照片信息无损的，只要这个 RAW 格式文件存在，就可以随时调回来。

2. 主观操作

锐化操作非常主观，需要靠自己的眼力和经验来进行调整，而且需要权衡每个滑块的数值，让所有效果配比达到最好的效果。不断练习才能胸有成竹，所以要耐心练习。

3. 多次 / 适度锐化

在专业处理照片的时候，大概会经历三次锐化，这是第一次锐化，也被称为“输入锐化”。本次全局锐化的作用是抵消镜头分辨率、低通滤镜以及空气不够通透等造成的模糊。之后还会进行局部锐化和输出锐化，让照片的细节更加专业和讲究。所以作为第一次锐化，锐化不要做得太“足”，要给之后的操作留下空间。

5.2 降噪处理

工具概述

名称：减少杂色

位置：细节面板下部

功能：去除照片的噪点

难度：★★☆☆☆

噪点是画面出现颗粒、假色等让画质降低、细节损失、锐度下降以及过度失真的现象。通常是高感光度和长时间曝光这 2 个因素会产生噪点。目前随着科技发展，相机抑制噪点的能力越来越强。

噪点大体可以分为 2 类：亮度噪点和颜色噪点。亮度噪点的表现是颗粒感，会造成细节损失和锐度下降。颜色噪点是画面出现假色，本来纯净的区域会出现色斑。在细节面板下半部分的“减少杂色”区域，有 2 组滑块分别用于对付这两种讨厌的噪点。

控制亮度噪点

要去除亮度噪点，就要使用“减少杂色”的前 3 个滑块：明亮度、明亮度细节、明亮度对比。当明亮度滑块位于 0 时，下面两个滑块无法调整。这说明该滑块是“总起滑块”，它调整了明亮度，下面的滑块是对它的补充处理。

滑块解读

明亮度：向右滑动该滑块，可以降低明亮度噪点，减少画面的颗粒度。其数值越大，降噪程度越大，但在降噪同时也会引起细节损失。

明亮度细节：该滑块是用来恢复因调节“明亮度”而损失的细节，向右滑动能恢复更多细节。

明亮度对比：这是个让人费解的滑块。也可以简单理解为和上一个滑块相似，用于控制降噪时的细节保留程度。

操作详解

1. 放大照片

在降噪的时候，和锐化一样，要把图像放大到 200 ～ 300% 甚至更高，仔细观察降噪滑块对画面的影响。这是一张感光度为 ISO 2 000，且有大面积暗部的照片，可以看到画面上明显的亮度噪点。

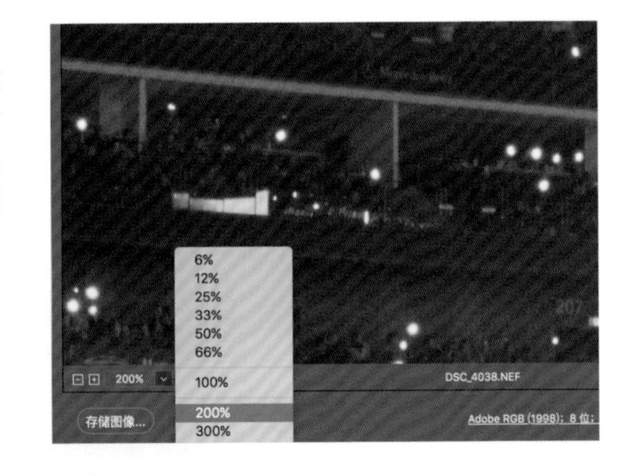

2. 调整明亮度

要消除亮度噪点，将“明亮度”滑块移至 25 左右，观察噪点的消除情况。此时“明亮度细节”滑块会自动跳到默认值 50，让照片在亮度噪点消除同时，还可以保留更多细节。此时可以继续调整“明亮度”，直到自己满意为止。我认为对这张照片而言，30 是个不错的数值。

3. 还原细节

现在就可以开始观察照片的细节损失了。如果发现锐度有所下降，细节需要还原，可以适当提高“明亮度细节”滑块。对于本例，我将滑块调整为60，得到了理想的效果。此时无需调整“明亮度对比”。

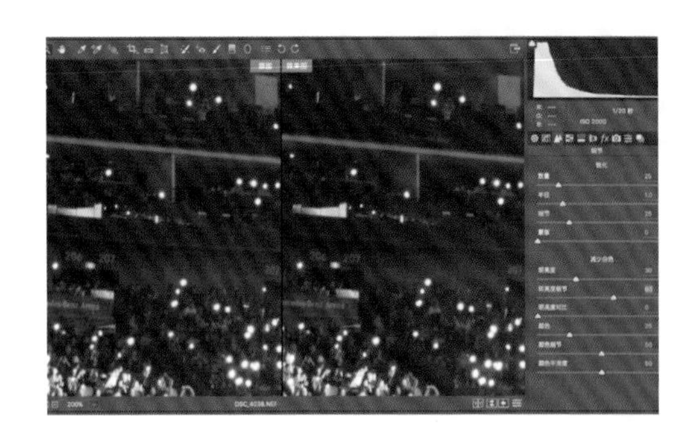

小提示

有空就读读：“明亮度对比”详解

该滑块太“学术”了，这里把它拎出来做一个详细介绍。像素之间有对比度的差异，ACR 会通过分析画面上疑似“噪点”的两个区域反差来判定，是否要进行降噪处理。

在默认值 0 的时候，只要两个像素之间有明暗变化，ACR 就会认为这是噪点，并且进行降噪，此时一些本来是细节的区域也会被降噪。当滑块为 100 的时候，2 个像素间的对比度即便再大也不会被认为是噪点，此时就是完全不降噪，细节得到最大程度地保留。

那怎样调整呢？这取决于照片本身的对比度。如果照片对比度高，可以设置为 10 ~ 20；如果照片对比度较低，比如这张夜景照片，可以设置为 0 ~ 2。

在使用软件的时候，当不确定调整此滑块是否有明显效果时，保持默认值是一个好习惯。

控制颜色噪点

控制颜色噪点的是细节面板最下面的 3 个滑块：颜色、颜色细节和颜色平滑度。它们的默认值是 25、50、50。

滑块解读

颜色：该滑块控制颜色噪点降噪效果，数值越大降噪效果越强烈。

颜色细节：如果过度降噪，会造成画面中颜色缺失、饱和度下降等问题。该滑块的作用是还原被“误伤”的颜色细节。

颜色平滑度：控制颜色的过渡是否平滑。拍摄色彩变化大的物体时，可以使用较低数值；拍摄过渡均匀、颜色变化平缓的物体时，可以使用较高数值。一般来说，保持在 50 即可。

ACR 已经帮你做好了！

颜色噪点去除比较简单，因为 ACR 已经做好了预设。首先观察预设效果是否满意，如果画面中还有难看的颜色噪点，可以提高“颜色”。如果发现照片色彩比较平淡，可以稍微提高“颜色细节”。当“颜色”调整数值较高的时候，还可以通过提高“基本面板”中的“自然饱和度”来增加颜色的鲜艳程度，来补偿颜色损失。

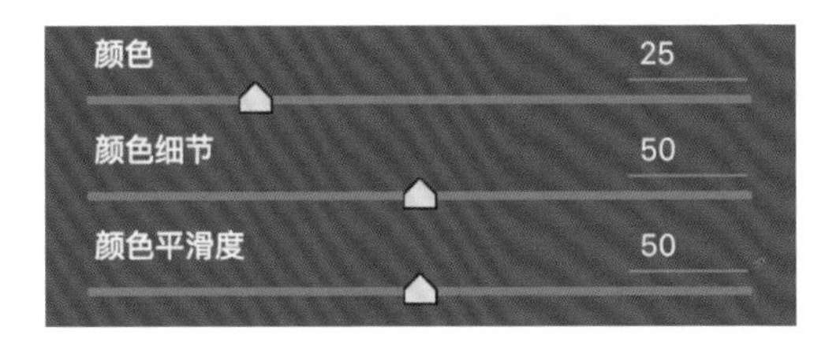

第 6 章

用颜色划分区域

照片中最能刺激人感官的是颜色，本章就来让颜色 high 起来！

局部处理的概念，在之前几章也遇到过，比如单独调整暗部区域的明暗，锐化时使用蒙版来划定处理范围……本章将学习“HSL/ 灰度”面板，它是按照颜色进行局部处理的，可以单独调整某种颜色。

6.1 HSL 调整颜色

工具概述

名称：HSL
位置：HSL/ 灰度面板
功能：按颜色调整照片色相、饱和度和亮度
难度：★★★☆☆

这次介绍的功能有 24 个滑块。该功能就是大名鼎鼎的 HSL，它的效果是按照颜色来调整照片局部的明暗、饱和度和色相。什么是“HSL”？它是 3 个英文单词的简称，这三个字母分别代表：色相（Hue）、饱和度（Saturation）、亮度（Lightness）。也就是说，HSL 功能分别可以控制照片的这 3 种属性，具体如下。

色相：颜色的表现，这里可以简单理解为“色调”，调整的时候，颜色的色彩会有相应变化。

饱和度：是指色彩的纯度。该数值越高，色彩越浓烈；数值越低，则逐渐变灰暗，数值为 -100 时完全变成灰色。

明亮度：颜色的亮度，可以让某种颜色变亮或者变暗。

可以看到，该面板拥有 3 个子面板，每个子面板里有 8 个颜色选项可以用来按照颜色调整画面中的局部表现。如果不想要刚才调整的结果，可以直接单击“默认值”将所有滑块归零。

举个例子，如果希望黄色的饱和度高，就进入“饱和度”子面板，然后将黄色数值提高。这时候其他颜色不会改变，只有黄色饱和度提高了。色相和明亮度也一样。

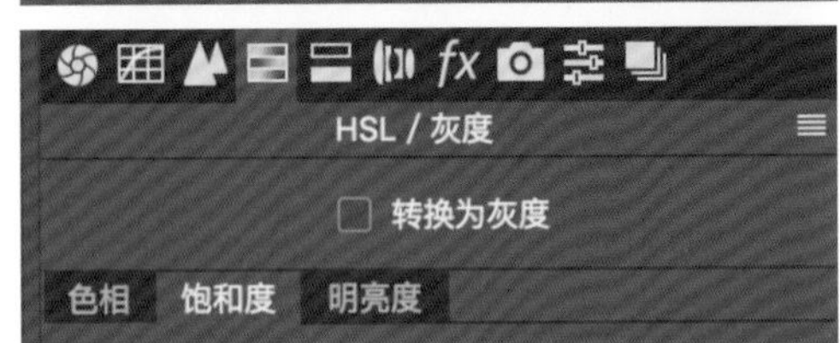

操作详解

在色相、饱和度和明亮度中，我最常使用的是更改饱和度，这样可以突出某种颜色在画面中的表现。其次是明亮度，我会提亮单色的主体，或者是压暗天空。我很少用到色相工具。这里我就根据自己的喜好进行演示。

1. 调整饱和度

在这张照片中，我要突出的主体是红色的信箱，并用虚化的人群和它作为对比。但是背景中橙色、黄色的灯光影响了画面的气氛。在面板栏中单击“HSL/ 灰度”面板，然后单击下面的“饱和度”子面板。将红色调整为 +76 来突出信箱；然后将橙色和黄色分别下降到 -90 和 -80 来削弱背景对主体的影响；最后把蓝色提升到 +20，来突出一些人物背包和背景中的蓝色，和红色形成对比。

2. 明亮度调整

很多人认为将颜色提亮能将其突出，其实有些时候，可以通过压暗颜色的明度来达到将其突出的效果。比如这张照片中，将蓝色压暗到 -30，让蓝色更“实”。但是分析一下红色呢？这种暖色调的明度变高以后会更加鲜亮，所以将红色调整为 +15，之后还把橙色调整为 -30，来压暗背景。

小提示

1. 实时预览看效果

很多摄影爱好者喜欢“记数据”，对于 HSL 面板，记数据可以提供参考。但是更方便、快捷、直观的方式是调整滑块，然后查看照片中的实时预览效果。

2. 组合调整

大多数情况下，我会同时使用这 3 个子面板。比如调整一个人物的时候，可以降低橙色饱和度，同时提高橙色的明亮度，让人物皮肤更白。有必要的话还可以通过色相修正肤色。

3. 局部去色

这是 HSL/ 灰度面板的一大特色，在调整饱和度的时候，如果只保留几种颜色，把其他颜色饱和度都调整为 -100，让它们变成黑白，就能制作出“局部去色”的效果。

6.2 灰度转换黑白

工具概述

名称：灰度

位置：HSL/ 灰度面板

功能：将照片转换为黑白

难度：★★★☆☆

黑白效果是很多摄影爱好者非常钟爱的表达方式，不过要处理好黑白作品并不容易，需要非常系统的胶片知识和欣赏水平。在 HSL/ 灰度面板中，可以将照片转换成黑白。这是跨入黑白作品处理的第一步。处理黑白作品除了这个操作，还会伴随更多复杂步骤，这会在之后的内容中讲到。

界面详解

在 HSL/ 灰度面板上，有一个“转换为灰度”选项，勾选后就可以进入“灰度”子面板，此时照片变成黑白单色。在“灰度混合”中，有“自动 / 默认值”这 2 个选项和 8 个色彩滑块。

自动 / 默认值：勾选“转换为灰度”后，ACR 会自动给出一些滑块数值，此时是“自动”状态。如果不喜欢，可以调整下面的滑块。或者单击“默认值”，将所有滑块归零，然后自己调整数值。

色彩滑块：黑白照片中，可以使用这 8 个滑块，控制这 8 种颜色区域的明亮度。如果希望彩色照片中的红色区域亮一些，就将红色滑块向右滑；要想压暗红色区域，就向左滑。

操作详解

1. 转换为灰度

在 ACR 中打开一张照片，然后单击面板栏第 4 个图标“HSL/ 灰度”，此时照片会从彩色变成黑白，下方会从“HSL”切换为“灰度混合”子面板。这时候 ACR 会通过自动识别，将底下 8 个滑块自动设置，来调节照片的明暗表现。不过这个明暗效果大部分情况下无法让我们满意。

2. 手动调整

单击“默认值”将所有滑块归零，然后手动控制照片的明暗效果。此时主体的罐子原来是橙色的，所以大幅度提高橙色到 +70，将它们提亮，然后将紫色滑块降低到 –100 来压暗灶台。

之后观察画面，提高了黄色（+38）、绿色（+38）和蓝色（+23）来提亮背景中的地面和煤气炉，再将红色降低（–77）来压暗一些局部区域。最终达到了突出主体的效果。

使用须知

1. 实时预览看效果

和 HSL 面板一样，在调整灰度的时候，最好的办法就是调整滑块，通过预览的方式来查看照片效果，而不是背参数。此时 ACR 主界面会实时显示调整的效果，供用户参考。

2. 配合其他工具

黑白照片不仅是明暗得当，还需要在基本面板中调整曝光、对比度，并在细节面板调整锐度等才能达到最佳效果。

3. 灰度转换是无损的

即便转换成了灰度，照片的色彩信息依然保留在文件中，所以这依然是无损处理。ACR 中所有的操作都是无损处理。

6.3 目标调整工具

工具概述

名称：目标调整工具

快捷键：T

位置：工具栏第 5 个图标

功能：多用途调整照片

难度：★★★☆☆

该工具不属于 HSL/ 灰度面板，但是这个调图神器——目标调整画笔，和该面板有很大关系，故放在这一章来讲解。该工具和之前工具不一样的地方就是：它功能很多，指哪里就调哪里，非常直观。

操作详解

在工具栏中选择“目标调整”工具，然后将鼠标指针挪动到画面上，单击鼠标右键就可以在弹出的调整菜单中，选择要调整的项目。此时右侧的面板栏会显示相应的调整面板。然后将鼠标指针移动到要处理的位置，按住鼠标的左键并左右拖动，来修改该位置的画面表现。

该工具和 ACR 中其他工具的操作思路不同。如果想让照片中的花朵亮一点，直接选择该工具，然后选择“明亮度”，将鼠标指针移动到花朵上，按住鼠标左键向右侧拖动，即可提亮。所以操作顺序就是：选择调整项 > 鼠标指针移动到调整区域 > 增强效果（向右 / 上拖动）、减弱效果（向左 / 下拖动）。

功能详解

参数曲线：对照片的区域性亮度进行调整。

色相 / 饱和度 / 明亮度：按照不同色彩，区域性调整照片的颜色表现和亮度。

灰度混合：将照片转换为黑白，然后按照照片原有的颜色，区域性提亮 / 压暗画面中灰度的明暗表现。

详细操作

1. 调整明亮度

在 ACR 中打开一张照片，然后选择“目标调整”工具。将鼠标指针移动到画面上并单击鼠标右键，在弹出的菜单中选择明亮度，此时右侧面板会变为 HSL 中的“明亮度”子面板。然后将鼠标指针移动到花朵上，单击并按住鼠标向右拖动，此时可以看到花朵明显被提亮。在右侧的面板参数栏中也可以看到，红色和洋红等参数被明显提升。

2. 调整参数曲线

之后，想压暗背景中的暗部区域，单击鼠标右键，在弹出的快捷菜单中选择参数曲线。此时右侧的界面会切换成参数曲线，将鼠标指针移动到后排的建筑物上，单击并按住鼠标向下拖动，可多次操作，直至满意。此时曲线的参数是：亮调 -6、暗调 -12、阴影 -60。

3. 调整饱和度

接下来，通过目标调整工具的饱和度选项来提升花朵的饱和度。单击鼠标右键，在弹出的快捷菜单中选择饱和度，然后将鼠标指针移动到花朵上，多次单击并按住鼠标向上拖动，即可提升饱和度。

小提示

联动效应

目标调整工具是从效果出发，而非参数，这样做让操作变得灵活、直观，但是也有缺点。它无法严格控制数值，会产生联动效应。当调整画面中的某个部分时，与其属性相同的部分也会受到影响。比如，只想让清楚的花朵变亮，调整的时候其他同样颜色的区域也会变亮，其他选项也一样。所以在调整的时候，要注意观察画面。

第 7 章

分离色调效果

亮度和颜色在这里结合。

在之前几章中，分别尝试了亮度调整、颜色调整等局部处理，本章将介绍亮度和颜色结合，通过亮度来调整颜色。无论是严谨的色温调整还是创意，分离色调都是非常快捷的工具。

7.1 高光

工具概述

名称：高光
位置：分离色调面板上方
功能：调整高光区域的色调和饱和度
难度：★★☆☆☆

从前文中不难看出，ACR 是一款拥有强大局部处理功能的插件。通过基本面板可以按照亮度区域来调整照片局部的明暗，通过 HSL 面板可以按照颜色区域来调整局部的各种参数，等等。分离色调也是一款强大的局部调整工具。

分离色调的滑块很简单也很直观，但是它的效果和应用领域都很多。分离色调的主面板上有 3 大部分：高光、平衡和阴影。先来看高光。

滑块详解

高光中拥有色相和饱和度 2 个选项，用来调整照片高光区域的色调表现（色相），以及该色调的强度（饱和度）。色相滑块非常直观，放在什么颜色的位置，画面就偏什么颜色。比如初始状态是偏红，之后可以偏黄、绿、蓝以及很多混合色。初始状态下饱和度为 0，所以看不出偏色，

提升饱和度数值就可以看到偏色效果了。其实阴影也一样，但是它们通常的应用领域有所不同。

应用范围

高光部分的滑块主要应用在 2 方面：第一是制造高光偏色的小清新效果；第二是在黑白照片中制造偏色，增加戏剧性（分离色调在黑白照片中也可以用）。

功能详解

效果一：偏色制造小清新

首先要明晰，高光滑块仅对高光处起作用，也就画面中亮的部分。打开照片，单击面板栏第 5 个图标，进入“分离色调”面板。

此时高光中的 2 个滑块的数值都是 0，先提高“饱和度”滑块到 30，因为“色相”在数值为 0 的时候对应的是红色，所以这时候会看到照片的高光部分偏红。这张照片仅有植物下面与裙子的暗部处于阴影中，没有变化，天空、人物上半身和花都偏红了。

在本次调整中，我希望高光能够偏暖色，所以“色相”使用了 32 的数值，此时照片高光偏橙色，增加了暖色调。读者完全可以根据自己的喜好，以及要表达的氛围（温馨的橙色、冷峻的蓝色、诡异的绿色等）来调整这 2 个滑块。

效果二：给黑白照片加点料

分离色调也可以用在黑白照片上。当使用 HSL/ 灰度面板将照片转换为黑白之后，可以使用分离色调为照片加入颜色，让照片更有怀旧感，同时也能突出气氛。照片转换为黑白后，单击分离色调面板。

此时我想给照片添加淡淡的偏色，所以将饱和度调整为 15。此时照片的高光处会偏红色，主要是罐子、其中的食物以及背景的地板。不过我还是比较喜欢经典怀旧的偏黄效果，于是使用了“色相”42、“饱和度”15 的效果。

7.2 阴影

工具概述

名称：阴影

位置：分离色调面板下方

功能：调整阴影区域的色调和饱和度

难度：★★⯪☆☆

本节讲解分离色调另一部分的内容——阴影。该部分的调整和“高光”类似，但是常用的领域不尽相同。分离色调的阴影部分当然也可以达到和高光一样的效果，在彩色与黑白照片中，制造创意性偏色。它还有一个很重要的作用，那就是校准调整暗部白平衡。很多照片亮部白平衡都没问题，但是暗部可能会偏蓝，此时分离色调就有用武之地了。

界面详解

通过前面对分离色调高光的学习，大家应该都比较了解阴影部分的2个滑块——“色相”和“饱和度”。它们是用来控制画面中比较暗区域的色调及其强度的。比如需要暗部偏黄，就可以调整“色相”到黄色，然后再通过“饱和度”调整暗部中黄色的表现强度。

可以看到，这张照片的高光处白平衡正常，但是阴影会偏蓝，在人为提亮的照片里尤为明显。此时，通过阴影部分滑块可以有效校正这种偏色。

操作详解

对于创意调整的操作，阴影的操作和前一节的“高光”基本类似，这里主要说一下色温校正。

1. 打开面板

在 ACR 中打开这张照片，由于阴影处没有阳光照射，所以色温会比较低，而远处色温正常，此时照片中有 2 种色温同时存在。如果直接在基本面板中校正色温，会让阳光下的景物偏色。此时使用分离色调是最好的选择。单击分离色调图标，进入面板。

2. 调整参数

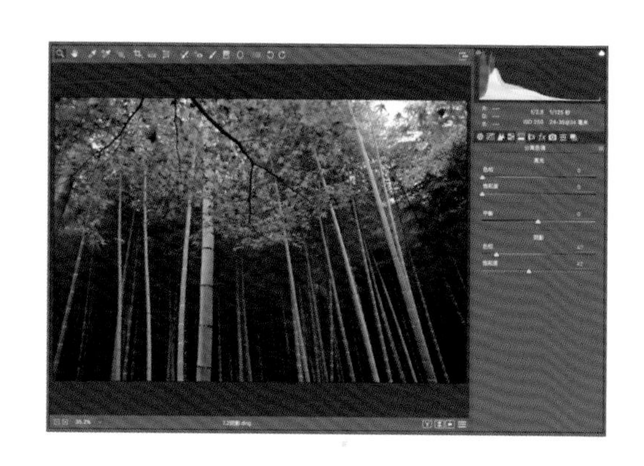

通过前面曲线的学习，可以知道黄色和蓝色是互补色。也就是说，如果照片偏蓝，增加黄色调就可以将其校正，反之亦然。同理，青色和红色、绿色和品红色也是互补色，调整时可以达到此消彼长的效果。

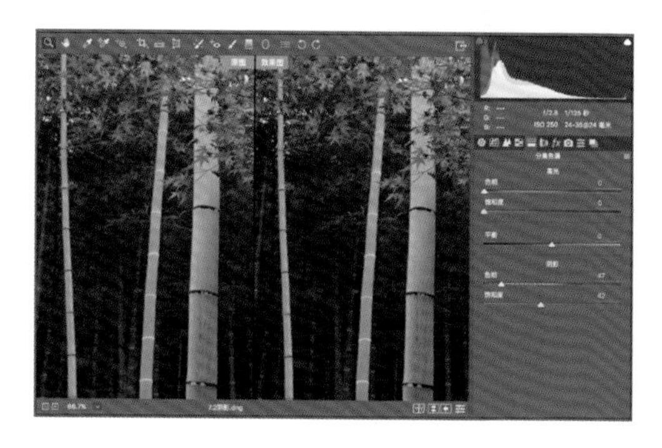

因为阴影处偏蓝，所以只需要让阴影处色调偏黄，就能抵消蓝色效果。此时将色相调整为 47，滑块显示是黄色，下面的饱和度滑条也从红色变成黄色。然后将饱和度提升到 42，来抵消阴影处的蓝色调。

在对照片进行描述的时候，使用专业术语会显得自己很懂行。比如这里我可以说：因为暗部出现了色温偏移（就是色温不准、不正确），所以用分离色调调整，使得竹子上那层蓝色色罩（色罩表示偏色效果）消失，还原了其本身的颜色。

7.3 平衡

工具概述

名称：平衡
位置：分离色调面板中部
功能：划定阴影和高光作用范围
难度：★★☆☆☆

学习了如何调整高光和阴影后，如何定义“高光”和“阴影”的区域？打个比方，将其划分为0（最暗）到100（最亮），则0～50就是阴影，51～100就是高光。但是当希望照片中0～60的区域是一个色调，而61～100的区域是另一种色调时，该如何处理？此时“平衡”滑块就能起到作用。它是用来定义“阴影”部分与“高光”部分的作用范围的。

当平衡处于0的时候，“高光”和“阴影”平分整个画面。如果此时将滑块往右滑动，“高光”的控制区域就增加，比较暗的区域也会受它的控制，“阴影”减少；如果向左滑动滑块，“阴影”就更多，而“高光”控制区域更少。

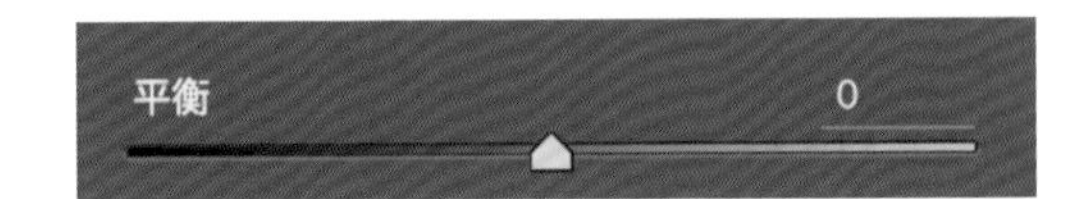

操作详解

1. 初步调整

在ACR中打开一张RAW格式的照片，然后单击面板栏第5个图标，进入“分离色调”面板。这张照片是在一列电车上拍摄的，窗外比较亮，基本属于“高光”；前景的列车内比较暗，大部分属于阴影。这样分明的场景比较好表现“平衡”的作用。

将“高光”部分的“色相”调整为240，“饱和度”调整为70，让窗外呈现一种蓝色调；将“阴影”部分的“饱和度”调整为70，“色相”为50，此时室内的暗部呈现出黄色调。

2. 正向调整“平衡”

这时候将“平衡”调整为 +80，可以看到画面中的色调出现了很大变化。车窗下面本来处于阴影的桌子变成了蓝色调，被归入了“高光”区域。这是因为正向调整后，高光在画面中的比例增大导致的。而前景中非常暗的区域依然保持黄色调。

3. 负向调整“平衡”

此时，保持其他参数不变，将“平衡”调整为 -80，这时候画面中原本属于“高光”蓝色调的区域急剧减少，都被纳入了“阴影”的调节范围变成黄色调。所以将平衡设置为负值，会减少“高光”的比例，增加“阴影”控制的比重。

小提示

灵活运用效果好

分离色调面板中的 3 组功能：高光、平衡和阴影一般是配合使用的，其中“平衡”的作用是为两种色调寻找适合的平衡点。所以用到分离色调的时候，几乎都会调整该滑块，可以尝试性拖动该滑块，通过预览图效果来判断数值。

帝盛

第 8 章

校正透视和镜头畸变

消灭镜头缺陷和角度限制！

镜头畸变和拍摄角度引起的透视问题，让很多摄影爱好者叫苦不迭，本来应该横平竖直的线变得倾斜和扭曲，这些处女座和强迫症的大敌将在本章烟消云散。本章将介绍如何通过镜头校正面板和变换工具，来校正畸变和透视。

8.1 配置文件

工具概述

名称：配置文件

位置：镜头校正面板 > 配置文件子面板

功能：校正畸变和删除色差

难度：★★☆☆☆

无论多好的镜头，焦距、变焦范围的设计都会产生桶形畸变、枕形畸变和暗角。每支镜头都有自己的畸变特点，无需手动设置，ACR 内预设了一些配置文件，可以直接用于对某些镜头的畸变进行处理。

ACR 作为一款插件，它的更新频率比 Photoshop 要快得多。这是因为相机的 RAW 格式文件在不停变化，ACR 为了解码最新的 RAW 格式文件会不断更新，同时更新的还有新镜头的配置文件。ACR 面板栏的第 6 个图标是一个镜片组的 logo，这就是镜头校正面板。

界面详解

1. 启用镜头配置文件

该部分有 3 个可选项。勾选“启用配置文件校正”，即可通过下方的配置文件对照片进行校正；勾选“删除色差”，ACR 会自动搜索色差并将其删除。

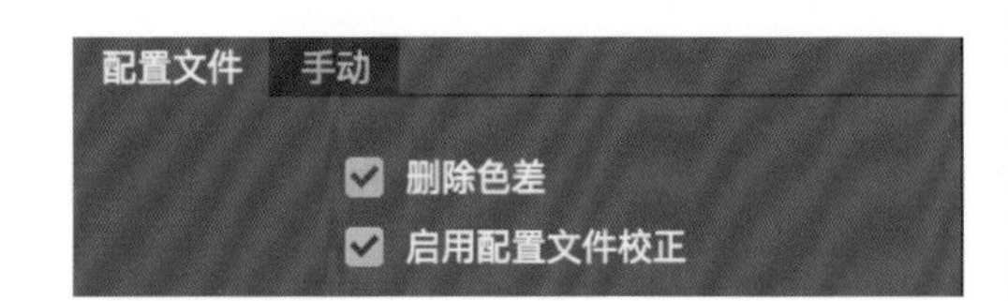

2. 删除色差

虽然只有一个选项，不过它还挺复杂。该选项并不是色差修正的开关，而是用在消除横向色差上。横向色差是一种光学现象，其原因是不同波长光的折射率不同，这里就不赘述生涩的原理了。在处理照片的时候，没有必须勾选或不勾选它的硬性规定。

对于是否勾选它，我也有一些建议：如果照片虚化的范围比较大，或者故意要保留文艺清新的效果，建议不勾选该选项；如果照片中清晰的区域大，或者是镜头素质比较低，建议勾选它，可以提升画质。该选项在消除色差的同时也会降低物体边缘的饱和度，比如树木的边缘会尤为明显，所以需要放大画面仔细观察勾选前后的效果。一切要靠效果说话，好看就勾选，不好看就不勾选（科学严谨与好看还是有很大不同的）。

3. 设置

这里并没有按照顺序来讲解，因为“设置”选项需要讲完以上 2 点才好理解。设置中有 2 部分选项，第 1 组有“默认值”“自动”和“自定”，是控制“校正量”的。默认值就是校正量均为 100，自动是 ACR 根据照片分析给出自动数值（一般也都是 100）。如果调整了“校正量”，设置会变为“自定”，因为你手动调节了。

下面有 2 个选项。当调整了下面“校正量”的数值，认为这支镜头使用该数值更好，并想将这个数值设置为“默认值”时，即可单击：“存储新镜头配置文件默认值”。如果后悔了，想把默认值恢复为 ACR 原来的设置，就可以选择“重置镜头配置文件默认值”。虽然文字较多，但其实不难理解。

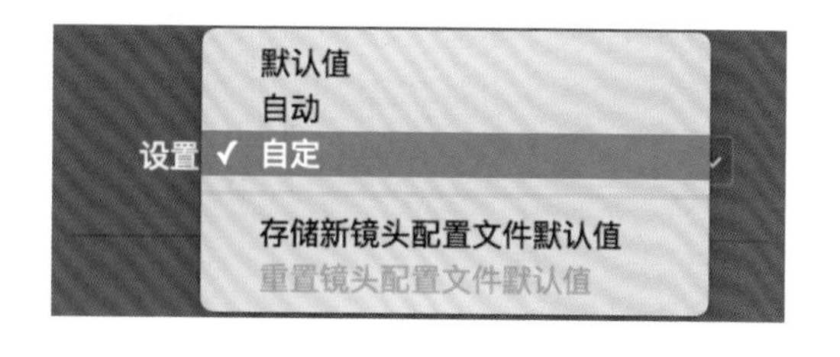

4. 镜头配置文件

在拍摄照片的时候，照片的数据中会记录使用的镜头，所以此时会自动配置，显示镜头的制造商、型号和配置文件类型。我使用的是适马 24–35mm 镜头和尼康 Df 相机，所以在配置文件中，ACR 自动适配了适马 + 尼康的组合。

所以当使用没有电子触点的老镜头，照片无法记录镜头型号时，可以手动选择。假如使用尼康 50mm f/1.2 AIS 镜头，就可以在制造商中选择 Nikon，然后找到这支镜头。如果无法找到某品牌或某款产品，则该功能就没法用。也可以使用手动校准，之后会讲到。

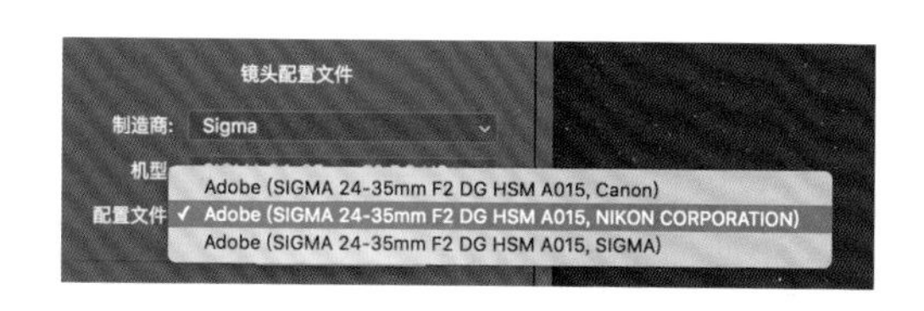

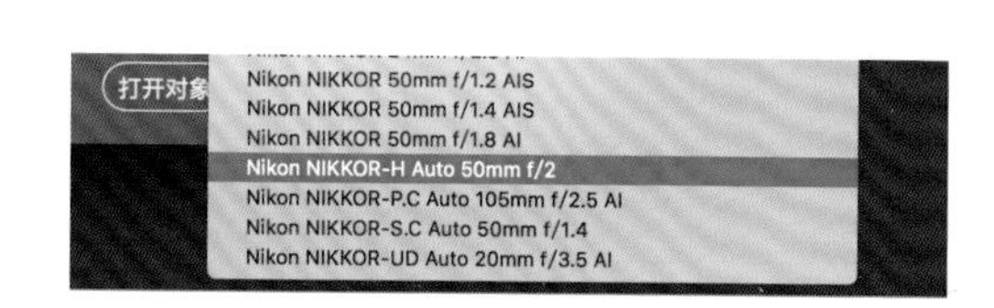

5. 校正量

在校正量中，可以手动干预配置文件的校准结果，因为有时候自动配置的文件不能达到需要的结果。“扭曲度”滑块就是控制畸变，向左滑动可以减少枕形畸变（增加桶形畸变），向右滑动会减少桶形畸变（也就是增强枕形畸变）。“晕影”滑块则控制暗角，向左滑增加暗角，向右滑则减少暗角。这 2 个滑块的默认值都是 100。

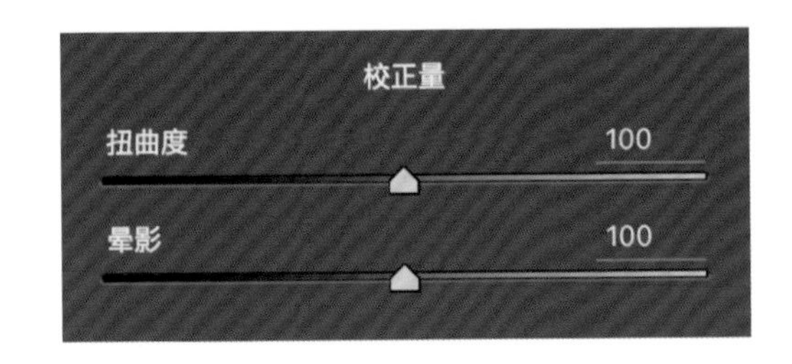

6. 显示网格

勾选该选项，照片上会显示网格辅助线，帮助观察畸变的情况，以便进行更加精准的调整。此时调整滑块可以控制网格的疏密，以满足不同照片的调整要求。

操作详解

1. 启动配置文件

将照片在 ACR 里打开，然后选择镜头校正面板中的“配置文件”子面板，勾选“启动镜头配置文件校正”选项，在设置里选择为默认值。检查下面的镜头是否正确，如果不正确可以手动选择。此时可以放大画面观察校准效果。对于色差，可以将照片放大到 100%，观察照片是否出现色差问题，如果没有就不要勾选，勾选了反而会有适得其反的效果。

2. 手动校准

勾选“显示网格”，然后通过滑块调整网格的大小，可以对照片进行手动校准。此时放大照片，发现配置文件校准后，电线杆依然不够直。所以将扭曲度调整为 180，让画面效果更符合我的需求。

3. 储存 / 重置配置文件

如果认为用此镜头拍摄的照片都要调整“校正量”，就可以在设置中选择“存储新镜头配置文件默认值”，将手动调整的数值保存为默认值。如果不想这样储存，想要撤销调整，就再打开“设置”，选择“重置镜头配置文件默认值”。

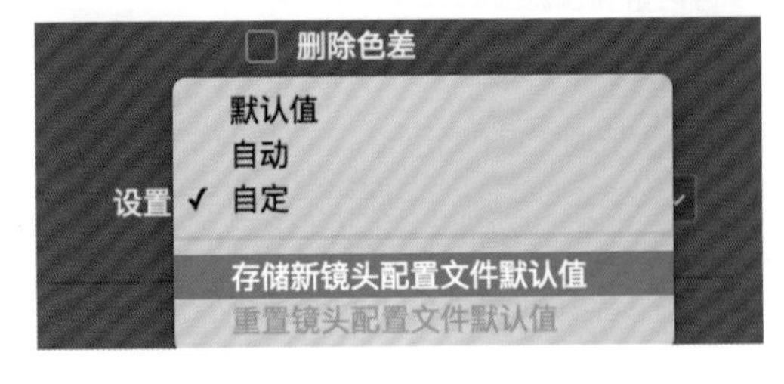

8.2 用镜头矫正面板手动校正畸变

工具概述

名称：手动

位置：镜头校正面板 > 手动子面板

功能：修正照片的亮边和色差、畸变和暗角

难度：★★★☆☆

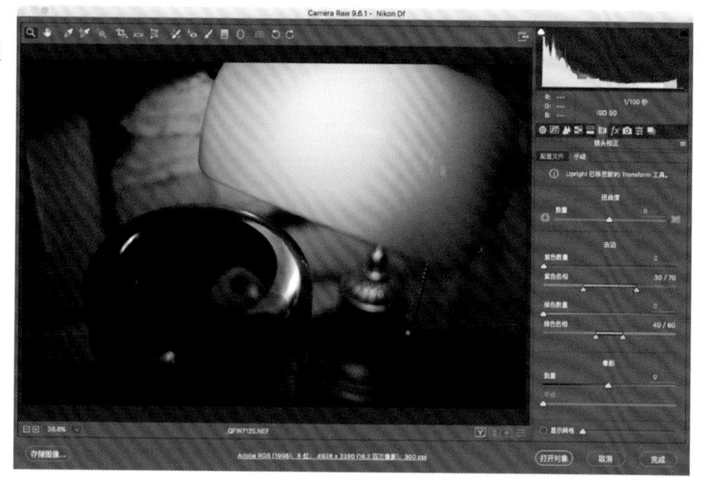

这个面板是个大杂烩，分为畸变控制（扭曲度）、去除色差亮边（去边）、消除暗角（晕影）3 部分。扭曲度和晕影太简单了，会在界面中讲解一下，因此重点说去边。

在拍摄照片的时候，拍摄明暗对比过强的场景或是使用全开光圈，可能会造成在物体边缘、明暗交界处产生绿色、紫色等颜色的亮边，这样会让画质降低。ACR 9.6 之后版本中，镜头校正的手动子面板中，可以使用“去色”中的滑块对这些难看的亮边进行修复，让照片看上去更自然。在之前的版本中，这个功能位于镜头校正面板中的颜色子面板。

图中的晕影部分本来没有绿色，但是由于镜头问题，在边缘出现了绿色的亮边，影响了画面表现。

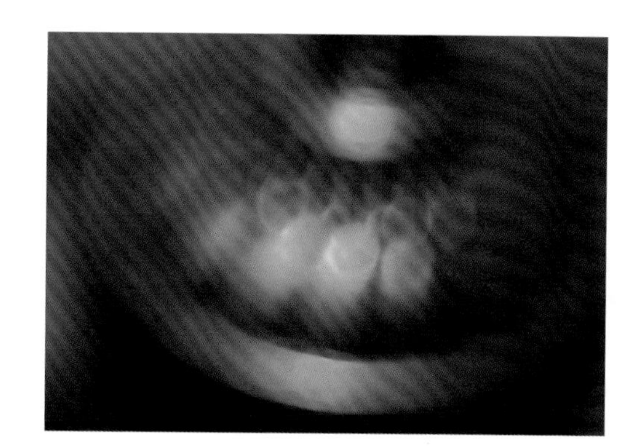

界面详解

1. 扭曲度

该滑块用来控制照片的几何畸变，向左侧滑动可以让线条向外拱，可以修正枕形畸变。反之，向右侧滑动可以使线条向内凹，以此来修正桶形畸变。ACR 很人性化，这里的图示非常清晰。

2. 紫色部分

“去边”的紫色部分有“紫色数量”和“紫色色相”2 个滑块。“紫色数量”滑块控制去边的程度，向右侧滑动数值增大，去边的强度也增强。“紫色色相”上有 2 个滑块，控制着去除亮边的颜色范围。

去边
紫色数量 0
紫色色相 30 / 70

根据镜头不同、镀膜不同、拍摄角度不同等问题，紫色亮边的具体颜色也会有所不同。通过这 2 个滑块可以设置一个区间，ACR 会仅去除这个颜色区间内的亮边。这样可以避免“伤及无辜”，去掉本来真实的颜色。

3. 绿色部分

另外一些镜头会出现偏绿色的亮边，它的原理和紫色部分一样。“绿色数量”可以控制去除亮边的强度，“绿色色相”控制去除亮边的颜色范围。

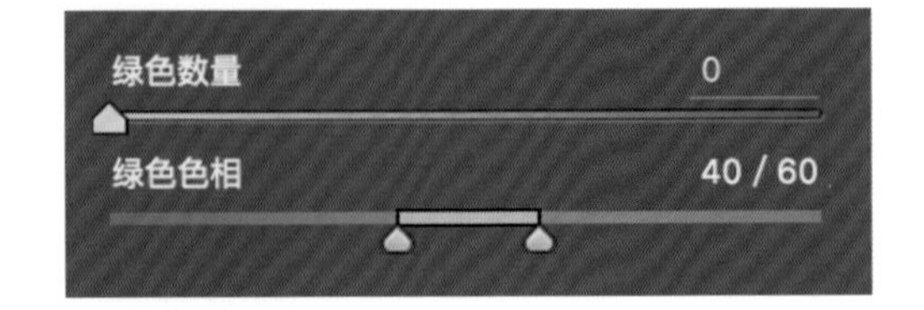

4. 晕影

这里面有 2 个滑块。“数量”用来控制暗角的颜色深度：向左滑照片四周加深形成暗角，向右滑照片四周变亮修正暗角（形成亮角）。“中点”控制暗角的覆盖区域，减少“中点”的数值，暗角区域变大；若是增加“中点”的值，则暗角区域变小，所以可以将其理解为“中间区域的大小”。

去边操作详解

1. 观察和放大照片

如果照片使用了很大或很小的光圈，或者有逆光、对比度强烈的区域，就要小心了。此时需要将照片放大到 100% 或者更大来观察物体边缘区域，检查是否有亮边产生。

通过观察，我发现照片上没有紫色的亮边，但是在虚化区域有非常明显的绿色亮边出现，所以接下来就要对它进行针对性的处理。

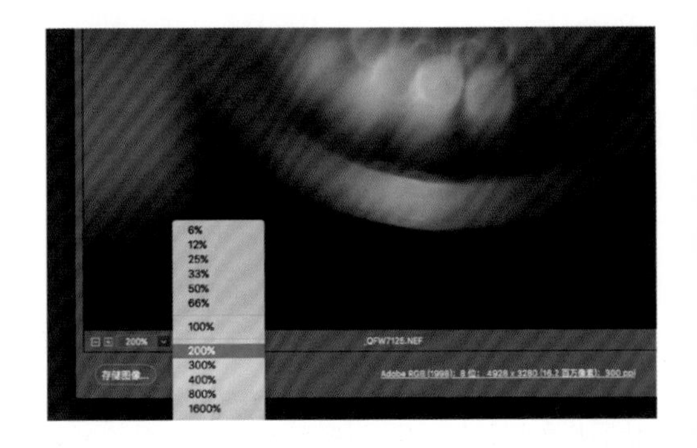

2. 手动调整

我的习惯是先手动调整，再决定是否勾选“删除色差”，所以我先将“绿色数量”调整为 10，此时画面并没有任何变化。这是因为亮边的颜色没有在下面“绿色色相”的区间内，所以要通过这 2 个滑块尝试性调整“绿色色相”的区间，让其囊括本镜头绿边的真实颜色。因为这需要用眼睛来观察，主观判断亮边的颜色，所以作为初学者，也许你一开始摸不到门道。这里我教你一个方法，先将“绿色色相”的两个滑块拉到两端，让其包含所有颜色，这时候照片中的绿色亮边就被消除了。

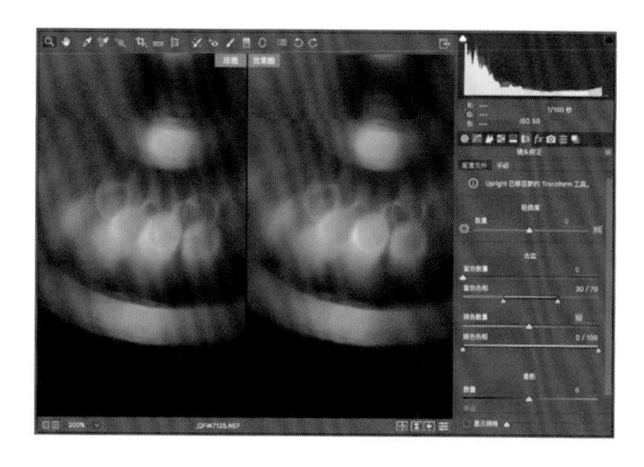

不过此时你可以看到，其实绿色部分的滑块可以消除橙黄、绿色、蓝色以及一些混合色的亮边。也就是说，一些本来不是亮边的区域也被消除了。此时我将 2 个滑块不断向中心靠拢，保证绿边没有出现的最小区间。此时这个数值是 5/60，这个数值保证绿边被消除，同时不会波及其他颜色。

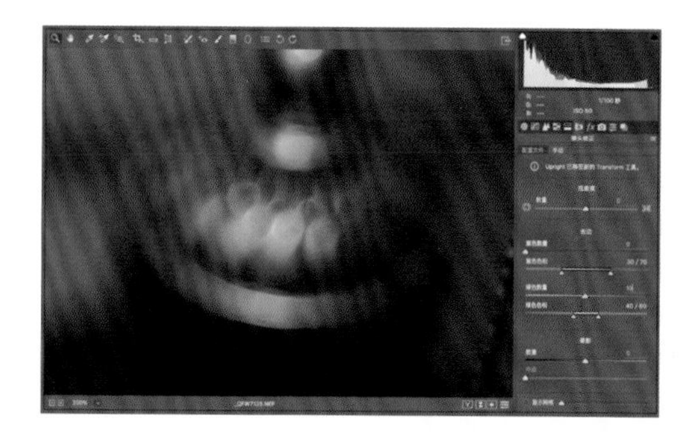

3. 检查结果

处理好之后，首先反复勾选 / 取消“删除色差”选项，查看哪个效果比较好。本例中我认为不勾选的效果好，所以没有选择。然后你需要通过抓手工具移动视图，保持 100% 或者更高的放大倍率，查看画面上是否还有亮边需要处理。如果没问题，那就放心进行其他操作吧！

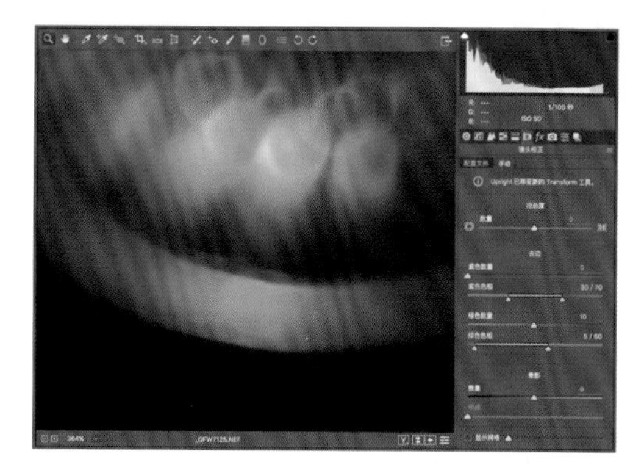

色相调整建议

直方图的剪切警告可以明确指示哪里曝光过度和曝光不足，白平衡吸管可以准确读取数值，让照片色调正确。但是调整亮边的唯一标准就是摄影师的眼睛，所以这是一个非常主观的操作。此时建议采用比较准确且校对过的显示器进行处理，如果显示器偏色，你看到的亮边颜色自然就不准确。关于这里的色相调整，如果实在没有把握，个人推荐以下 2 个方法。

1. 保持默认值

这个默认值是 ACR 的工程师分析研究得出的，具有一定的普遍性，所以能满足大部分人的需求。拍摄这张照片使用的是一支 20 世纪 80 年代的老镜头，比较奇葩，所以色相调整比较大。如果保持默认值不行，还可以使用下面的方法。

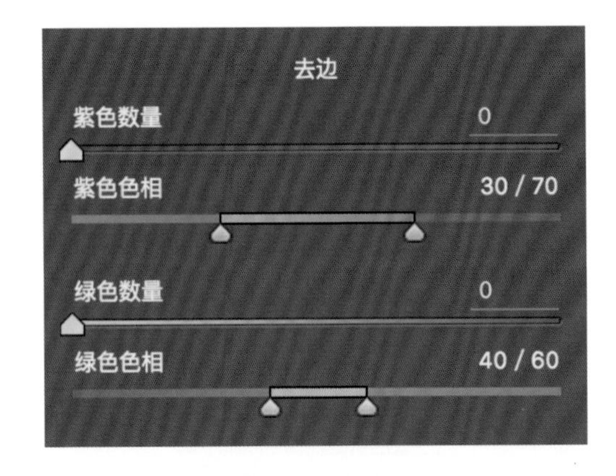

2. 使用最大值

将数值设置为 0/100 是一个“通杀”的办法。以绿边为例子，将颜色的调整区间设置为全部，那无论这个“绿边”是什么颜色（绿边只是统称，由于镜头不同，“绿边”的颜色也会不同），都被去除了。需要提醒的是，这个方法对于画面边缘的色彩影响其实很大，会导致景物边缘色彩严重失真，所以要慎用。

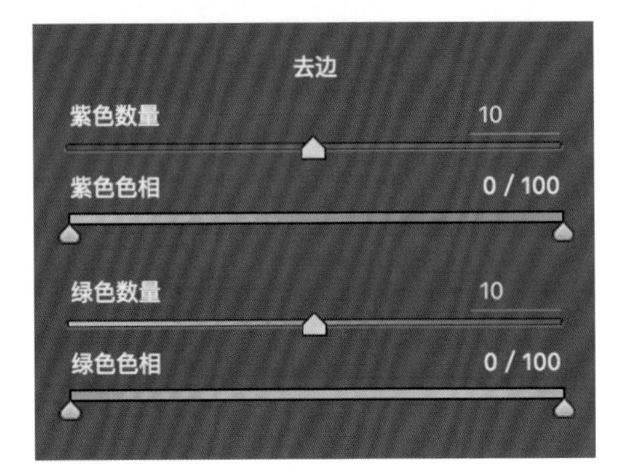

8.3 半自动校正畸变

工具概述

名称：Upright

快捷键：Shift+T

位置：工具栏第 8 个图标，变换面板上部

功能：手动、自动结合，校准照片的透视畸变

难度：★★☆☆☆

当 ACR 升级到 9.6.1 版本后，在镜头校正方面的操作有很大变化，出现了一个新增功能——变换，它的位置是工具栏第 8 个图标。点击该图标后，右侧的常规面板消失，取而代之的是变换的操作面板（要回到常规面板，只需按 Esc 键，或者选择它前面的工具）。该面板有两个部分：Upright 和手动校正。下面就来讲讲如何用 Upright 校正透视和畸变。

要消灭敌人，首先要了解敌人，所以要了解透视和畸变的概念，以及它们的区别。透视是因为拍摄角度造成画面变形，此时本来的直线不会有太大变形，其效果通俗来讲就是“近大远小”的效果被加强。比如仰拍一个物体，会出现边缘向内收拢的效果。畸变则是画面变形现象的统称，分为透视畸变和几何畸变（包括桶形畸变、枕形畸变），这两个概念要区别开来。Upright 主要校准照片的透视畸变。

界面详解

单击变换工具，进入变换面板，在 Upright 中一共有 6 个图标，最下面还有 2 个选项。

为禁用 Upright 校准。

A 是“Auto”即自动校正，全方面校准画面透视畸变。

水平：仅对照片的水平进行校准。

竖直：该选项会校正照片的水平，并校正竖直方向的透视畸变。

完全：该选项会校准照片水平，并对照片横向和纵向透视畸变进行校正。

指导：ACR 9.6.1 新增的功能，强制规定画面中的某些线条处于垂直或水平状态。

叠加：勾选后，画面上会显示“指导”中出现的参考线，该选项建议一直勾选。

放大镜：鼠标指针移动到画面上后，鼠标位置会局部放大，以便观察细节。这个功能我用的很少，因为除非特别细致的区域，使用“网格”观察已经足够了。

清除参考线：删除“指导”功能所设置的参考线。

首先要知道，该功能对什么照片没有作用。如果画面中没有清晰、明确的线条，则使用Upright基本没有用。要知道Upright功能的各个模式中，用哪个最适合该照片，最笨的方法就是一个个试。但是必须有一些理论基础，才能快速找到最佳结果。根据上面的功能详解，可以知道这些模式的功能。

水平校正可以对地平线歪斜问题进行修正，但这是一个自动功能。之前讲过通过“拉直功能”来校准水平，所以Upright里，我很少使用水平功能。水平校正中，ACR不会去校正透视畸变（如灯塔的畸变），但如果水平方向有明显的明暗边缘（比如桥），软件会将它置于水平——无论它是否是水平线。

当照片里有竖直的线条，并且希望它们垂直时，Upright的第三个选项就有用了，单击后会发现，效果明显。我使用了第3个模式，此时画面的水平被校正了，留心观察画面左侧的灯塔，它是纵向的，所以它向内侧倾斜的透视畸变也被校正。

我把最后一个图标和“自动”放在一起说。该功能是Upright最全面、最铁面无私的功能，这个功能会寻找ACR认为是水平、垂直的线条，横向、纵向均校正透视畸变，同时可以校正水平。自动的处理比较中庸而温和，会自动校正照片横向和纵向的畸变，并校正水平。

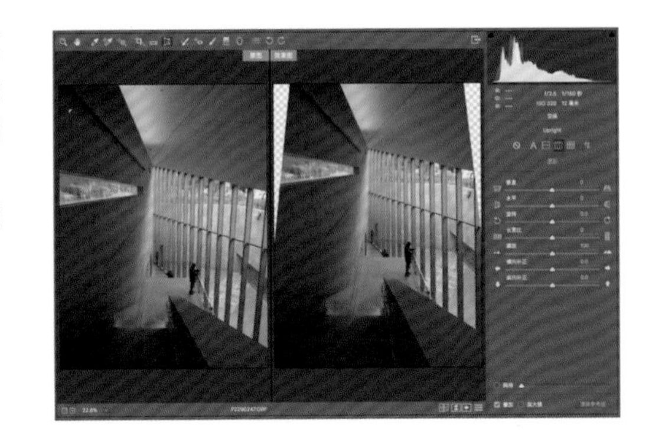

下面来详细讲解最后一个功能：指导。

该功能可以强制规定画面中的某些线条处于垂直或水平状态，让强迫症和处女座们心情舒畅。下面来实际操作一下。在拍摄时，经常出现由于拍摄角度和镜头的原因，导致一些方形物体变成梯形的情况，比如上图中的窗户。这时候经常手动调了半天，都没法让四条边横平竖直，现在福音来了！

功能详解

1. 选择工具

将这张照片在 ACR 中打开，然后在左上方的工具栏中选择第 8 个图标“变换”，这个图标和 Photoshop 中的“透视剪裁”图标一样。此时 ACR 右侧的面板会变成该功能的专属面板。在面板上方的 Upright 中，选择最后一个图标，这个图标的名称叫：指导。

2. 绘制两条参考线

选择“指导”后，将鼠标指针移动到画面上，此时鼠标指针会变成一个“+”。将鼠标指针移动到认为需要垂直的地方，然后单击并按住鼠标拖动，沿着边缘绘制一条参考线。这条参考线是红色虚线。画面并没有变化。然后，沿着横向区域画第二条参考线，沿着窗户的上边或下边，同样绘制一条横向参考线，画好之后会发现，这两条边被校正了。这时候虽然这两条边已经很规整了，但是另外两条边却令人不忍直视。

3. 再来两条

用同样的方法，在窗户四周建立四条参考线，目前窗户的四边就都横平竖直了！如果对调整效果不满意，可以单击一条参考线，按 Delete 键将其删除，然后重新建立，或者是将鼠标指针移动到参考线末端的圆圈中，单击并按住鼠标拖动，来更改参考线的角度，以达到重新校准的目的。

4. 剪裁完善

首先明确，参考线要起作用，最少两条，但是最多只能建立四条。在校准之后，可以再用下面的其他工具调整，然后通过剪裁，得到想要的构图。

小提示

1. 配合手动操作

在 Upright 中，只能选择模式，而无法在程度上进行手动控制，所以我经常使用的处理方法是先用 Upright 功能，然后在下面使用手动滑块进一步调整。后面会讲解手动功能的用法。

2. 个人习惯分享

如果需要校准如上面所示建筑物照片的时候，我比较喜欢使用第 3 个模式，然后配合手动校正进行处理。Upright 是一个可以快速达到精准校正的工具，但是要让画面好看，就离不开自己的判断和对手动功能的掌握。

8.4 用变换工具手动校正畸变

工具概述

名称：手动校正

快捷键：Shift+T

位置：工具栏第 8 个图标，变换面板下部

功能：通过滑块精确修正图片畸变

难度：★★☆☆☆

功能详解

1. 垂直

这个滑块很常用，主要修正照片纵向的透视畸变。比如仰拍建筑物的时候，很容易出现透视上的问题，造成建筑物上小下大，利用这个滑块就可以修复该现象。向左滑动可以让照片中的景物“前倾”，达到校正仰拍透视效果；反之，向右滑动，照片中的景物则会“后仰”。

2. 水平

它的功能和“垂直”对应，可以修复水平方向上的透视畸变。这个功能一般都是在微调的时候起作用，并不会像“垂直”那样调整幅度很大。不过当需要达到某种效果的时候，也不要“手软”。

3. 旋转

这个工具是用来调整照片角度的，简单说就是调整照片的水平。向左侧滑动滑块可以逆时针旋转照片，向右测滑动滑块可以顺时针旋转照片。这个功能和“拉直”功能类似，剪裁功能中也可以改变角度，不过这个滑块可以量化旋转的角度。

4. 长宽比

这是一个有趣的功能，向左滑动滑块，照片会被横向拉长、变扁，向右侧滑动时，画面会纵向拉长。因为该滑块改变了照片以及画面中物体的长宽比，所以在实际操作中，用得并不多。

5. 缩放

在进行镜头校正处理时，照片不再横平竖直，边缘会被拉伸和扭曲，形成不规则的梯形。缩放可以控制照片放大和缩小，可以选择不保留透明的白边，或者是保留它进入 Photoshop 进行进一步处理（比如利用仿制图章、合成等工具，在边缘创造更多细节）。所以“缩放”就产生了，向左侧滑动滑块可以缩小视图，向右侧滑动滑块则是放大视图。

垂直 0
水平 0
旋转 0.0
长宽比 0
缩放 100
横向补正 0.0
纵向补正 0.0

6. 横向补正

让照片左右移动。

7. 纵向补正

让照片上下移动。

功能详解

由于都是滑块操作，并没有什么前后步骤可言，这里也就简单做一个示范。这张照片的原图不够水平，而且出现了垂直方向的透视问题，使用 Upright 调整后感觉并不理想，所以使用手动功能。将数值设定为：垂直 -38、水平 -27、旋转 -4.5、缩放 113、横向补正 1.0、纵向补正 -7.0，达到了比较满意的效果。

第 9 章

创意效果

想让创意思维从鼠标传入电脑，最终作用在照片上？效果面板来帮忙！

“函数”有两种表现形式，一是公式，二是图像。而 ACR 的效果面板采用代表函数的 f (x) 作为图标，正是因为它跟函数很像，简单的滑块操作背后蕴含着大量的综合计算。赶紧来体验这款工具带来的惊喜吧！

9.1 去除薄雾

工具概述

名称：去除薄雾
位置：效果面板上方
功能：让画面更加通透
难度：★☆☆☆☆

雾霾是全世界都存在的问题，它会让照片饱和度不足、通透性不佳、锐度偏低……总之有很多问题。现在，一个滑块就能解决。本节就来介绍一个很多人都喜欢的神奇功能：去雾霾——该功能位于效果面板中。

功能详解

去除薄雾功能中只有一个滑块“数量”，它控制的是去除薄雾的强度。将滑块向左侧移动，会增加照片的朦胧感；将滑块向右侧移动，则可以去除朦胧感，增强画面的通透程度。操作时只需滑动它，然后观察效果即可。

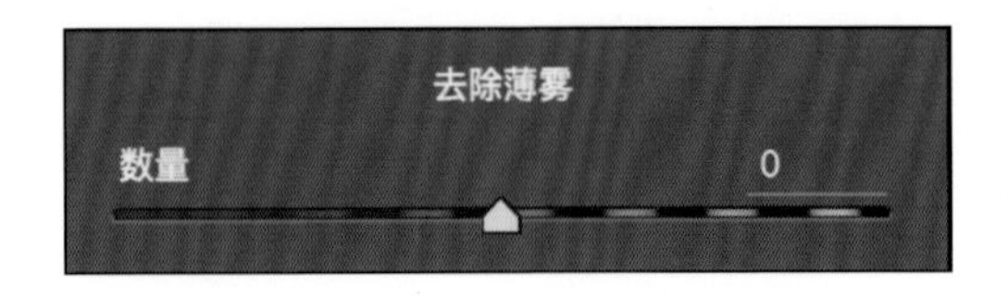

比如上面这张照片，看上去雾气朦胧，将它在 ACR 中打开，然后利用该功能让照片通透一些。这个滑块的作用是综合性的，它调整的不是画面的单一效果。选择“效果面板”，其符号是“fx”，然后将“去除薄雾”的“数量”滑块向右侧移动到 70，就能明显改善画面情况。之后，还可以在基本面板中调整对比度、清晰度和饱和度等参数，进一步增强画面的通透性，让照片看起来更加清晰。

有些照片“朦胧”点会更好看，所以如果觉得照片太平淡、没意思的时候，也可以将它向负向调整，制造出朦胧、飘渺的感觉。还是这张照片，将去除薄雾的“数量”设置为 -70，再配合去色等操作，就得到了一张如同水墨画的优美作品。

小提示

1. 去除的是“薄雾”

该功能在 Lightroom 中被叫作“去朦胧”，在这里则是“去除薄雾”，其实它不是为了“雾霾”设计的，所以如果照片太灰暗，它也无能为力。将该滑块调整到 100 的时候，会让画面表现很不自然，所以建议适度调整。

2. 我的 ACR 没有该功能？

使用的软件要满足两个条件才能看到这个功能：首先必须是 Photoshop CC，其次必须是 ACR 8.0 或更高版本。也就是说，如果是 Photoshop CS6，即便是升级了最新的 ACR，也没有该功能。

9.2 颗粒

工具概述

名称：颗粒
位置：效果面板中部
功能：给画面添加胶片颗粒感
难度：★☆☆☆☆

复古已经不是文艺青年的专利，因为这种风格的怀旧感总能触动人们的心灵，而复古风格又适合几乎所有题材，无论是街拍、景物、人像等，做成复古风格都非常不错。之前讲过的曲线、灰度等都是制作复古效果的有理干将，本节将介绍的“颗粒”也是复古操作中必不可少的一环。该功能位于效果面板中。

功能详解

颗粒有 3 个选项：数量、大小和粗糙度。如果“数量”是 0，大小和粗糙度都无法调节，这就说明下面 2 个滑块是用来辅助它的。

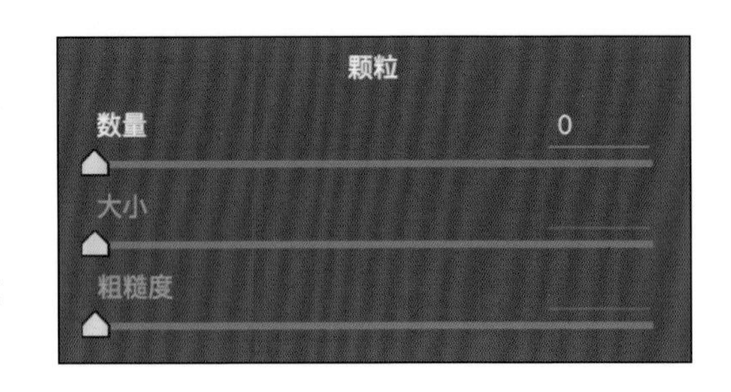

数量：控制颗粒的多少，其数值越大，添加的颗粒就越多。

大小：控制颗粒的体积，其数值越大，颗粒就越大，初始值是 25。

粗糙度：顾名思义，就是整个画面粗糙的程度。其数值低，颗粒表现细腻，数值高则颗粒不规则，画面更粗犷。该滑块模拟的是胶片中的颗粒效果，初始值为 50。

操作详解

1. 放大照片

有很多调整都是需要将照片放大到 100%，比如降噪、锐化等。在进行颗粒处理的时候，也要这样做。建议将照片放大到 100%，然后在调整过程中随时更改视图，以观察照片不同区域的颗粒程度。

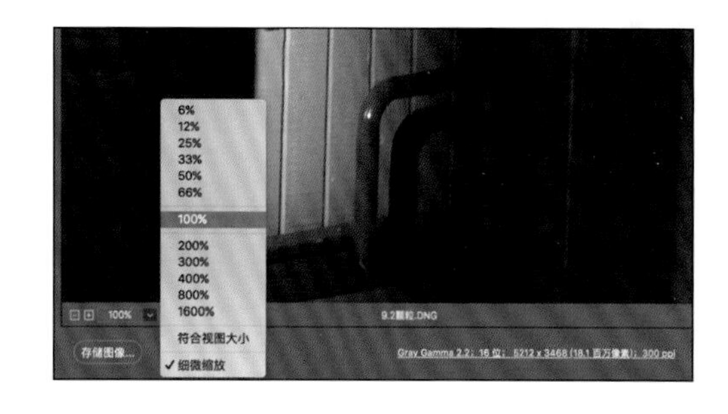

2. 调整参数

单击“效果面板”，找到颗粒部分的滑块。首先将“颗粒”调整到 30，观察变化。此时我认为对于这张照片，可以适当加大“大小”和“粗糙度”，数值分别是 40、60。读者可以尝试更多的参数组合，调整为自己喜欢的效果。

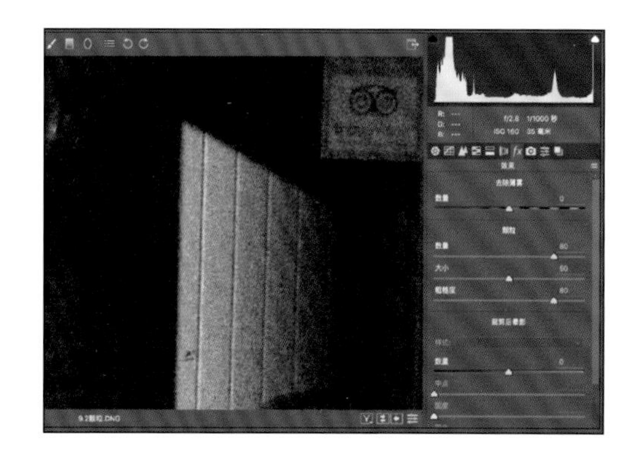

小提示

1. 黑白最普遍

这个操作在黑白照片上应用的非常多，可以通过这个功能，配合分离色调、暗角等功能，制造出非常纯正的复古效果。

2. 保证自然

颗粒也有自然和不自然，比如将粗糙度降得太低就会让颗粒很不自然。在处理的时候，大多需要照片有一些复古的质感，所以可以根据某些胶片的质感去调整，比如制造乐凯 200 感光度胶片的效果，那就要先看看胶片的表现是什么样子的，然后再调整。

3. 高级作用

该功能不仅可以用在复古效果上，还有高级功能，但一般不太会用上。在降噪、锐化等操作后，通过颗粒功能，人为手动给照片增加一些噪点，可以让照片看上去更加自然。这种反其道而行之的做法在一些特定情况和输出操作的时候才会用到。

9.3 裁剪后晕影

工具概述

名称：裁剪后晕影

位置：效果面板中部

功能：给照片添加暗角 / 亮角，该设置在裁剪后仍然有效

难度：★★☆☆☆

裁剪后晕影很好理解，晕影代表照片四周部分的明暗，比如暗角或亮角。所谓“裁剪后晕影”就是说为照片制造暗角或亮角，而且剪裁后这些设置依然会应用在照片现在的边缘。下面就来讲解一下这些选项的功能，至于具体怎样组合使用，只要你觉得好看就可以！

功能详解

样式：控制压暗和提亮的模式，有“高光优先”“颜色优先”和“绘画叠加”3 种模式。不必记住这些模式的原理，只要选择不同的模式实验一下，就能看出效果区别，选择最喜欢的即可。

数量 -100 和 +100

数量：当这个选项数值为 0 时，其他所有的选项都无法设置。“数量”控制亮度，数值是 0 则没有明暗变化，数值为正则是亮角，数值为负就是暗角（以下为了方便统称为“暗角”）。后面将使用数量 -50，演示之后参数的功能。

中点 0 和 100

中点：暗角的覆盖区域，数值越小暗角范围越大，数值越大则暗角范围越小。这个选项的默认值是 50，这样比较自然，暗角的范围大小适中。

圆度 -100 和 +100

圆度：用来控制暗角形状。该数值为 0 时暗角是椭圆形的，该数值为负值时暗角趋于方形，为正值时则趋于圆形，要根据自己的需要来选择形状。比如，在方构图照片中就要使用较大数值，以让暗角更圆。

羽化 0 和 +100

羽化：该选项控制的是暗角和正常区域的过渡程度。它的初始值是 50，该数值为 0 时边缘非常明显，如相框一般。虽然这样真的可以作为一种边框，但是我从来不会这样用，该数值是 100 时过渡很不明显，一般将它设置在 50 ～ 80，效果比较自然。

高光 0 和 100

高光：此选项控制的是在暗角范围内，高光部分的亮度。比如，画面左下角水面的区域属于高光区域，该选项默认值为 0 的时候，此处亮度没有变化，将数值提高到最大值 100，水面明显提亮，而暗部没有变化。因为每张照片的参数差异非常大，每个滑块又都比较简单，而且随时可以预览效果，也可以将参数随时归到默认值，所以要什么效果都可以自己尝试。

裁剪以后也有效

这个功能叫作“裁剪后晕影”，在裁剪操作之后，所有参数会直接应用在裁剪后的照片上。所以要将它和“镜头校正”里的“晕影”区分开，那里的“晕影”只能应用于原始照片的四角，而该功能可以在剪裁后起作用。

小提示

只能加暗角?

很多人都喜欢使用这个功能加暗角，但其实该功能还有很多应用的方法。比如，模拟古典工艺的老照片效果，通过亮角效果反其道而行之，让照片从各种加暗角的效果里脱颖而出，同时也可以配合其他功能。

第 10 章

神秘的相机校准

为何它是 ACR 排名最后的面板?

从效果讲到功能是很舒服的逻辑：需要鲜艳色彩，就用饱和度；需要复古，就用灰度、颗粒和暗角……然而“相机校准”是一个无法形容功能的面板。其中的功能名称很晦涩，让很多人无从下手。这个面板的英文名字其实只是“校准”，“相机校准”是汉化者的画蛇添足，它确实复杂，也比较学术。本章就来讲个明白。

10.1 初识相机校准

工具概述

名称：程序 / 相机配置文件
位置：相机校准面板上部
功能：切换 ACR 功能版本、调整照片色彩
难度：★★☆☆☆

这两个选项没有逻辑关系，将它们放在一起是因为，相机校准面板中，这两个选项几乎都不用调整。不过要做到心里有底地说：这些不用调！还是需要知道这两个功能是干嘛的。这涉及 ACR 的发展史，所以可以当成背景知识来阅读。

程序详解

首先来看“程序”，这里有 3 个选项，分别是：2012（当前）、2010 和 2003。这些数字其实是 ACR 不同时期的版本号。

这里选择最新的 2012 即可，不过还是要解释一下这个功能是干什么用的。将选项切换为 2010 或 2003，会看到“基本面版”中的滑块名称有所变化。

可以看到，切换到 2010 后的“基本面板”，拥有恢复、填充亮光等近乎古典的选项，和今天的选项有很大差别。其实不仅是界面变化，其内部的算法也会截然不同，调整照片的效果当然也不一样，哪个最好？毫无疑问是最新的版本。那为什么 ACR 会在“相机校准”里出现“程序”这个选项呢？这是为了满足程序的向下兼容性。

举个例子，如果以前使用过 2003 或 2010 版本处理过一张照片，在目前最新版的 ACR 中再次打开该照片时，“程序”是自动切换到之前的版本，当时调整的选项就都存在。如果调整过“填充亮光”，而新版没有该功能，程序就会报错。当然，也可以手动切换到最新的“2012”，使用最新型的界面和算法来调整。

讲了这么多，其实就是建议大家用最新的程序版本，不过在处理之前，还是要理解其理论。

相机配置文件详解

之后来看“相机配置文件”。这里的选项类似于相机内的风格，虽然都是英文，但其实就是标准、风光、自然、肖像、生动等词汇。需要注意，这个选项和相机本身的型号和设置有关。使用的相机不同，这里的选项也会不同。

这些选项都是一些预设，可以用于对照片进行整体修改，而且修改幅度还挺大。可以直接点选，然后观察画面变化，比如，风景模式会增大对比度和某些颜色的饱和度，人像模式会令皮肤更柔和，如果不喜欢就直接调整回 Adobe Standard 即可。因为个人审美差异和照片差异，这里没有哪个选项一定好的建议，所以要凭自己的眼睛来判断使用的选项。之后会讲解该面板下面的滑块的作用。

10.2 相机校准里的色彩调节

工具概述

名称：校准功能

位置：相机校准面板下部

功能：对照片色调进行修改

难度：★★★★☆

看了前一节内容会发现，相机校准不难嘛，别着急！真正复杂的是后面的 7 个滑块。相机校准是很多摄影爱好者心中的痛——因为搞不明白！而一些摄影教育者经常会将所谓的“通用设置”告诉学员，但是这些设置其实并不适合学员的照片。本节会比较学术，会详细讲解这个面板中选项的作用，以及如何进行调整。但是我不会给出什么“通用参数”，因为它们根本不存在！每张照片的光效、色调不同，调整的参数也截然不同。而且一千人心中，有一千个哈姆雷特，调整照片也是如此。我给的参数也许你并不喜欢，所以要结合自己的知识和审美，才能调整出最符合自己需要的照片。所以真正使用时的唯一原则就是：效果说了算！

界面详解

这 7 个滑块分为 2 组——阴影和原色

阴影：阴影只有 1 个滑块，这个滑块是为了校准阴影区域色温偏移的问题，当暗部出现了绿色和品色偏色的时候，可以用它来进行修正。不过该滑块对于中等影调区域的色调也有一些“杀伤性”，所以使用的时候参数设置要适度。

原色：原色分为红、绿和蓝，每个原色都有“色相”和“饱和度”2 个滑块。因为主流 CMOS 的每一个像素点都是由这三种颜色组成的，所以 ACR 直接给出 3 种色相的调节，可以分别调整 3 种原色的色相，以及此时颜色的饱和度。

这里面的选项都是调整色调的。该面板是按照感光元件的原理设计的，用户可以分 3 种颜色，对色相进行独立调节，让颜色还原更精准，但是也能制造创意效果。该功能还可以用来模拟胶片的色彩效果，那是因为胶片的色彩呈现原理与之类似。通过该面板，可以增强人物皮肤、背景颜色的质感，让色彩还原更逼真。

这其中的参数设置需要根据照片进行，而且相机不一样、设置不一样、测光和白平衡不一样，成像效果的区别也会让这些参数的调整各有不同。所以我无法像“曝光”或者“对比度”那样精准说明滑动一个滑块后的效果，但是可以通过例子来演示一下。

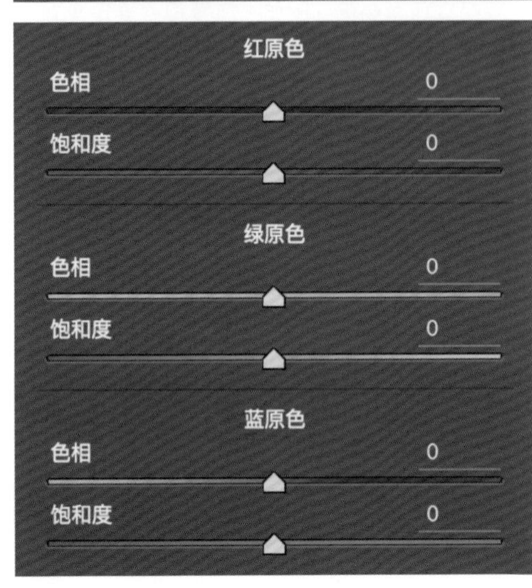

操作详解

1. 调整阴影

首先观察照片，这张照片上有很多植物，为了让照片的暗部效果更绿，即便是照片没有出现太多暗部色调问题，我依然将“阴影”调整为 -40。此时可以看到，较暗区域的绿色调更加强烈。因为调整幅度非常大，可以看到其连带作用：白色衣服本来有些偏品红色，经过这一操作，品红色的偏色消失，衣服的颜色也更真实。

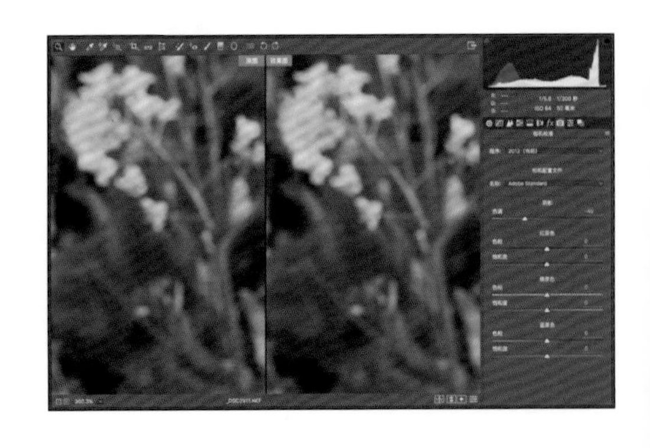

这里特别说明，在调整的时候切勿“手欠”，也就是“没事儿调一调”的操作。可以尝试某种效果，但是如果发现效果不好，就要马上将其归0，如果照片没有某方面的问题，就可以不去动那些滑块。

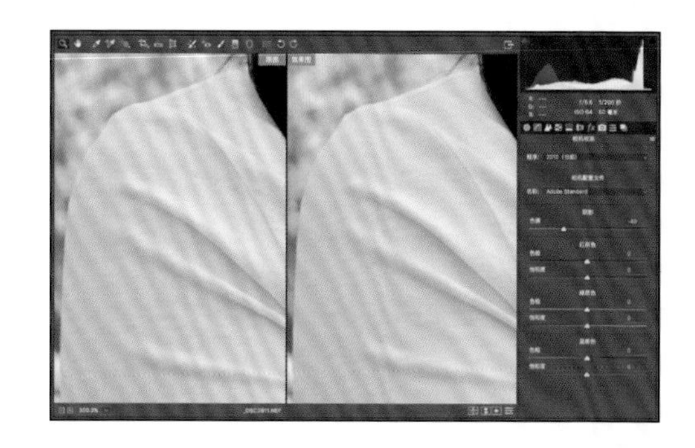

2. 调整原色

在这张照片中，我将红色、绿色的色相、饱和度分别升高到 +17/+27 和 +29/+26，来增强人物脸上的暖色调，同时降低蓝色色相到 -12，饱和度为 +2，让背景中的黄花颜色更暖，以增加气氛。

小提示

1. 显示器很重要！

调整曝光有直方图，但是在调整这些细微颜色的时候，尤其是需要放大观察颜色细微变化，以便斟酌一个合适数值的时候，显示器的质量和准确性至关重要！显示器不好，调整的照片和实际色彩差别很大，那还不如不调。建议选择一款性价比高的优秀显示器，并使用正确的色彩管理流程。这又是另外一门学问，我的公众号“摄影修行”中有详细介绍。

2. 更多选择≠更好效果

“相机校准”面板有 7 个选项，其中 6 个可以分 3 种颜色（和曲线不同，这些“x 原色”是跨通道的）独立调整画面表现。也许这样说不太好明白，但请记住这个面板极为不好驾驭。所以在调整的时候可以先用“试试看”的心态进行调整，如果发现自己的水平还无法掌控如此多信息，就先去学好基础调整。

3. 不要生搬硬套

ACR 是一款专业的图像处理工具，所以我一直在犹豫像“相机校准”这种功能该如何呈现。有很多人在教程中鼓吹这个面板的神奇，或者强行用一些无中生有的原理硬套在某张照片的效果上，真正的学习者在用的时候只会照猫画虎。我为什么不说那些“经验”，比如“人像照片应该用 xxx 数值”，因为每张照片不一样、相机不一样，设置变化太大。这里建议：“原色”的设置最好按照预览的效果来，而不要按照谁的经验之谈来设置。

第 11 章

精细的局部处理

本章将转变处理照片的思维，让视野更开阔。

“画龙点睛”这个词完美诠释了 ACR 中“局部处理”的概念。有了前面的知识，也许你已经能调整出很唬人的作品，你的照片和大师的作品，也许仅仅差在几处压暗、几处饱和度提升上，这些看似微小的细节决定了照片的成败。本章将介绍局部处理的知识，培养出“局部”视野，修图时就能有的放矢，精益求精。

11.1 修复照片瑕疵

工具概述

名称：污点去除
快捷键：B
位置：工具栏第 9 个图标
功能：修复画面的瑕疵
难度：★★★☆☆

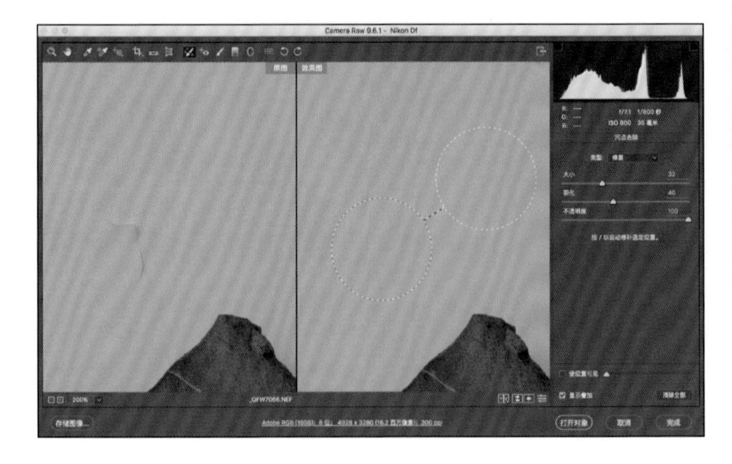

除了滑块操作、调整色调和明暗，利用 ACR 还能修复瑕疵，比如将皮肤上的痘痘去掉。现在你已经进入了 ACR 高级功能的殿堂！而进入进阶领域的敲门砖就是本节要讲的污点去除工具。该工具的原理类似于 Photoshop 中的“仿制图章”工具。操作时，需要选择一个“修复目标”——也可以称为修复区域或修复点，ACR 会提供一个“修复源”，即源点，以此处作为参考来进行修复。举个例子，要修掉皮肤上的痘痘，就以痘痘作为修复目标，而好的皮肤则是修复源。

该工具的自由度很大，可调节性也非常大，用户可以在修复后重新调整修复点和源点的位置，还可以建立很多个修复点，以及删除单个修复点。所以由此可以看出，照片的细节并非真地被抹去，ACR 只是记录了用户的操作，也就是说，在 ACR 中连修复污点都是可逆的！

功能详解

单击“污点去除”图标以后，右侧面板栏会切换成“污点去除”面板，在这里可以详细设置。首先来讲解一下“类型”选项和下面 3 个滑块的作用，以及基本的修复方法。先来看“类型”，其中有“修复”和“仿制”2 个选项，从文字中就可以看出来，“修复”是通过 ACR 计算，以源作为参考，来修正目标区域；“仿制”是直接把源的细节搬到目标区域。

一般我都会使用修复，因为这样效果自然，只有 ACR 在修复区域出现计算错误，或者区域内有极为明显的边缘需要对齐时，才会使用“复制”。

修复点是一个圆，下面的 3 个滑块是用来编辑修复点的。

大小：控制圆的直径，也就是修复的区域范围，可按照需求来设置。在实际调整中，可以通过快捷键] 和 [（方括号键）来调节大小。

羽化：圆的边缘与外界的过渡称为羽化。数值越小，边缘越硬；数值越大，边缘过渡越柔和。这也要按照情况而定，一般我会保持在 10 左右。

不透明度：数值为 100 时，修复完全覆盖原来区域；数值下降，修复的区域会变得“透明”，可以显示出原来的细节。有时候适当降低不透明度可以让效果更自然，不过也可能出现细节重叠，所以我通常会将滑块放在 90 ～ 100。

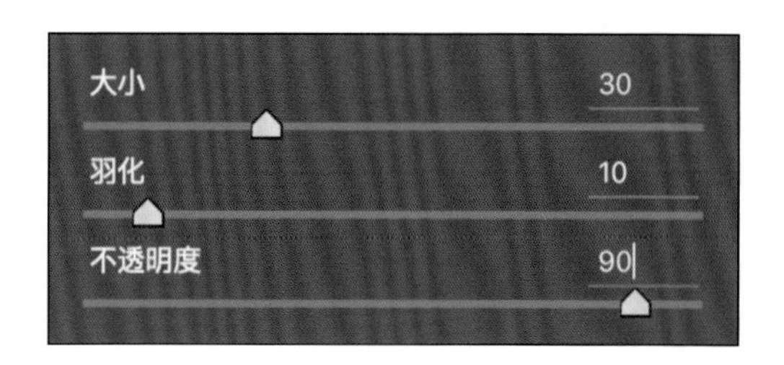

选好了数值，开始操作，就可以选择要修复的区域，然后把圆圈（也就是鼠标指针）移动到此处，单击鼠标左键，就能看到这样的效果，其中：

红色圆——点击得到的修复区域；

绿色圆——ACR 自动识别的源区域；

中间虚线——标明两者的绑定关系。

显示叠加：勾选该选项时画面上会以虚线圈的方式显示所有修复点的位置，取消后所有圆圈消失，显示最终效果，有助于观察处理结果。虽然显示了修复点看上去很乱，但是我依然建议平时都勾选它，因为这样可以掌握处理的情况。

清除全部：将所有修复操作都删除掉。

操作详解

1. 放大画面

首先通过界面左下方的比例工具，将画面放大到 100%，然后用抓手工具移动视图。此时要先观察照片上要修复的区域。比如这张照片中，要对破损的墙壁进行修复。

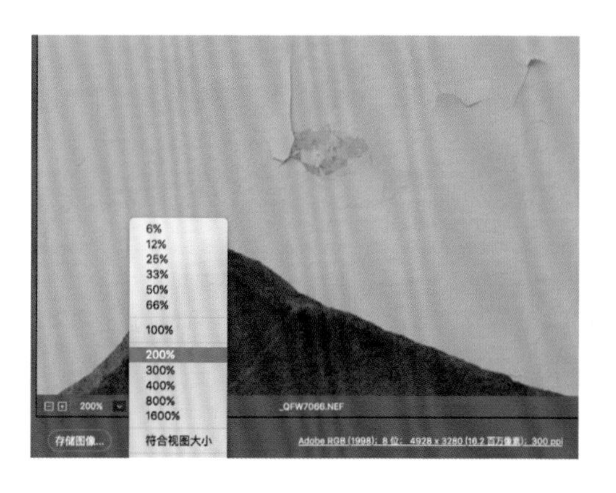

2. 设置参数

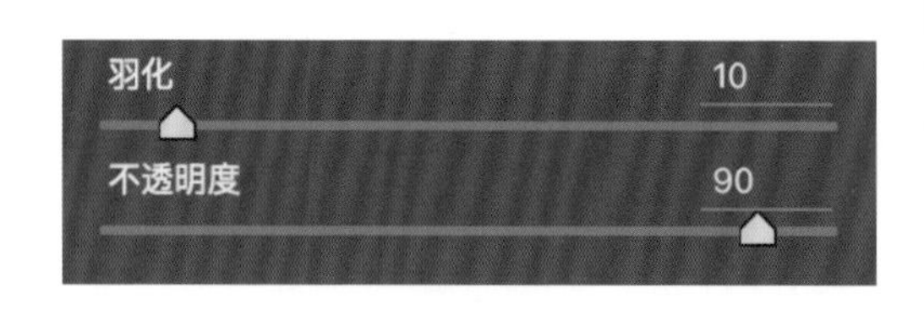

由于不知道修复区域的大小，所以先来设置“羽化”和“不透明度”。将其设置在比较保险的 10 和 90，然后将圆圈移动到画面上，通过快捷键] 和 [设置“大小”（如果不行，切换成英文输入法试试），最终将其设置在 65，正好覆盖了要修复的区域。

此时蓝色虚线圆为“大小”设置的区域，黑色圆圈才是处理区域，因为“羽化”的存在，真实处理区域要小于“大小”设置，在实线到虚线的范围内，效果会越来越淡，到虚线外则没有修复效果。

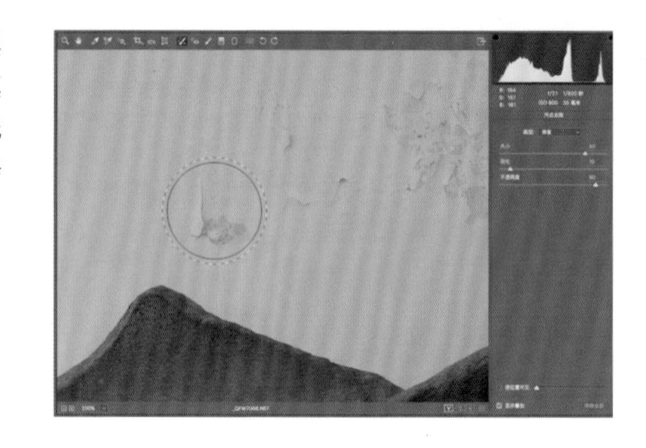

3. 瑕疵修复

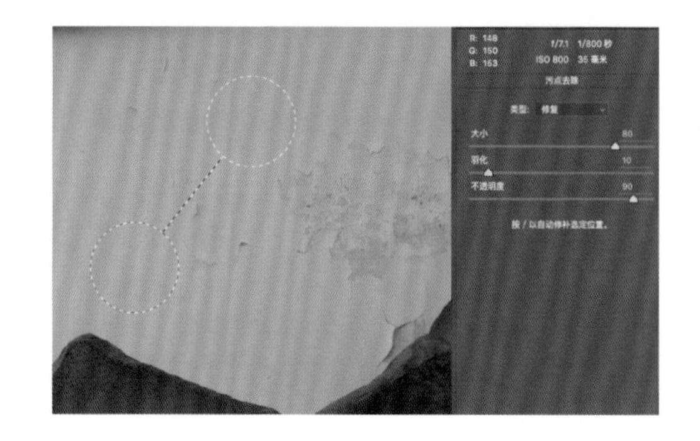

移动鼠标，让圆圈完全覆盖要处理的区域，然后单击鼠标左键，就会出现红色与绿色圆圈，绿色圆圈的位置是 ACR 自动计算的。此时还可以对圆圈的位置和大小进行调整。

将鼠标指针移动到圆圈内部，然后单击并按住鼠标左键拖动，可以改变它们的位置。也可以将鼠标指针放在任意圆圈边缘，鼠标指针会变成小箭头，此时单击并按住鼠标左键拖动，就可以更改区域大小。如果不想要这个操作了，可以直接按下 Delete 键删除这个修复点。

4. 建立多个修复点

建立了第 1 个修复点，然后调整完毕后，可以直接在其他地方单击鼠标左键建立第 2 个修复点。此时第 1 个修复点将变成黑白虚线，且只标记出修复点，而新建的修复点才有红色、绿色的圆圈，这说明此修复点处于编辑状态。

此时你可以用鼠标左键单击任意一个修复点，将其“激活”，那个修复点就会显示红色、绿色的圆圈，你就可以编辑它了。需要提醒的是，在处理的时候一定要随时通过快捷键调整“大小”。让圆圈正好覆盖污点区域最好，不要“伤及无辜”，修复了周围的区域。之后你可以取消下方的“显示叠加”查看效果，然后勾选上，再进行进一步处理和调整。

11.2 高阶污点修复

工具概述

名称：污点去除
快捷键：B
位置：工具栏第 9 个图标
功能：修复画面的瑕疵
难度：★★★★☆

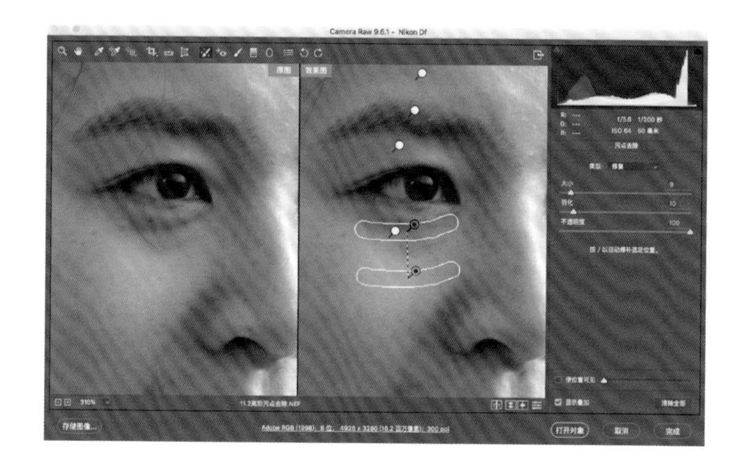

修复照片上的污点是个精细活儿，但是很快就会发现这个工具的限制：首先就是有些瑕疵并不太容易看出来，比如皮肤上的斑点，它们如同嗓子里的鱼刺，明明不舒服但就不知道它在哪里。其次就是圆形选区，如果要修复的物体是狭长的，如眼袋、一根发丝等，如何处理呢？别以为污点去除只有那些本事！本节将介绍该面板的更多奥秘。

在上一节中，有一个选项我没有讲：使位置可见。它的原理是通过黑白两色，显示出本来不明显的反差，从而可以在操作的时候，观察到照片上原本不易察觉的瑕疵位置，进而利用污点去除工具消除它。比如下面这张照片中，人物脸上十分光滑，虽然感觉有一些瑕疵，但是由于颜色、明暗相近，用肉眼很难判断。

如何看到皮肤上的瑕疵？就需要将这个“使位置可见”选项开启了。

使位置可见 操作详解

1. 勾选选项

勾选“使位置可见”之后，照片会变成黑白两色，这并不是单色转换，而是显示出反差。此时可以简单理解为：黑色区域光滑的，而白色区域则有反差（也可以称之为边缘）存在。

照片上的白色区域就是有反差的区域，包括边缘和瑕疵。边缘自不必说，可以看到，皮肤的区域也有黑白相间的颜色，这些就是隐藏的瑕疵。对比一下勾选和不勾选该选项的区别，发现勾选后，可以明显、确切地看到皮肤瑕疵的显示。

2. 调整程度

可以调整“使位置可见”后面的滑块，来调整位置显示阈值。通俗来讲就是对比度有多大才算有反差，并以黑白方式来显示出来。滑块在左侧，ACR 对对比度的“包容度”会比较高，只会显示非常突出的反差。向右移动滑块，ACR 会显示非常细微的对比度，最大限度地暴露瑕疵。此时就可以通过“污点去除”来修除那些隐蔽的瑕疵了。我使用了如图所示的阈值（该滑块无数值），认为反差已经够了。

3. 修复瑕疵

现在就可以按照上一节中介绍的方法，使用污点去除工具。在这个过程中，可以随时勾选 / 取消勾选显示叠加和使位置可见，观察处理效果。

下面来讲讲如何处理狭长的区域。在 Photoshop CC 的 ACR 中，除了修复圆形的区域，还可以处理一些不规则的区域，比如发丝和人物的眼袋等。

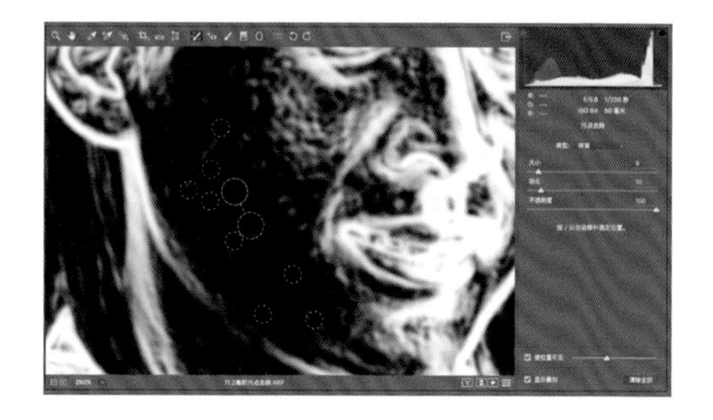

处理不规则选区操作详解

1. 创建不规则选区

在修复的时候，单击鼠标左键是创建修复目标，如果按住鼠标左键不放，直接拖动，就可以创建一个不规则的修复区，只要不松开鼠标左键移动鼠标，就可以持续绘制选区。

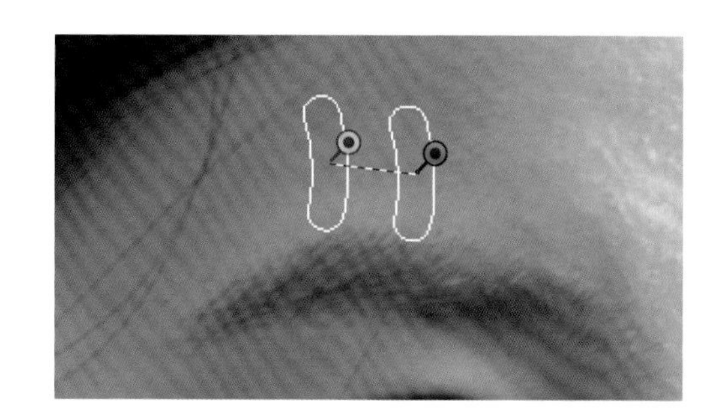

2. 调整位置

绘制好之后，目标区域会出现红色的笔尖（图中红色的小针，在 ACR 中叫做笔尖），源区域会出现绿色的笔尖，依然可以调整源和目标的位置，但是此时不能调整大小。

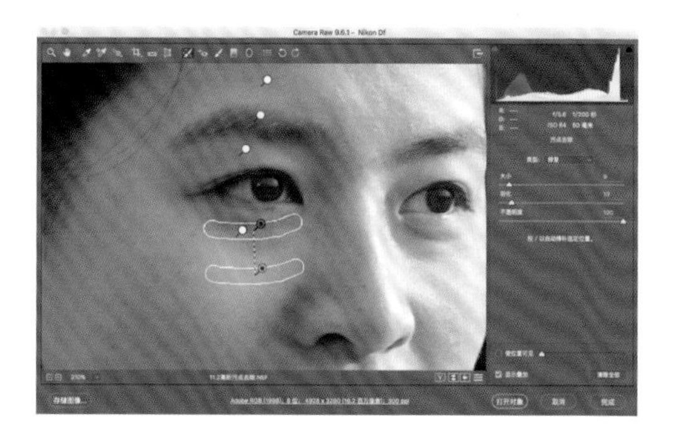

11.3 局部处理终极利器——调整画笔

工具概述

“调整画笔”这个工具比之前讲过的单一面板还要复杂，所以会分步骤讲解，不落下每个细节。该工具的作用是对照片进行局部处理。

名称：调整画笔

快捷键：K

位置：工具栏第 11 个图标

功能：局部调整画面多项参数

难度：★★★★★

“调整画笔”功能简单地说，就是绘制一块区域，然后对这块区域进行参数调整，这就是一种区域性调整。比如提亮某个区域，或者是让某一处饱和度下降，等等。在该功能中，可以进行绘制和删除区域、建立不同的参数区、保存参数预设等高级操作。由于该功能过于复杂，下面会分 4 个部分来讲解。

Part1 初识界面

单击 ACR 左上方工具栏的第 11 个图标“调整画笔”时，和之前介绍过的“污点去除”一样，右侧的面板栏会变成该工具的功能面板。不过和“污点去除”功能相比，这里的功能可就复杂很多了。这里面有 5 个区域，很多滑块和很多选项。这里说明一下，为了好记，这些区域的名称是我自己起的，并非官方称呼。

1. 模式区

使用调整画笔的方式是先绘制一个区域，然后调整参数。当要绘制一个区域时，就是“新建”，这个区域在 ACR 里的名字叫“笔尖”，以后所说的“创建一个笔尖”，意思就是新建一个调整区域。同时可以对该笔尖进行区域“添加”，如果绘制多了，也可以通过“清除”来减少区域。

2. 调整区

这里看似东西非常多，其实是最简单的部分。当创建了笔尖，然后对区域进行了调整（“添加”和“清除”），之后要让该区域应用哪种操作？是修改曝光？更改色温？还是消除噪点？这里是用来调整区域表现的，而且大部分选项之前都见过。

3. 画笔区

创建笔尖的操作，是使用圆形画笔进行涂抹得到的。该区域就是用来设置画笔的参数，以便绘制出最合适的范围，这是调整画笔的难点。

4. 笔尖区

在画面上，每一个笔尖都会有一个小标志，标明“亲，我是一个笔尖”；此处的“蒙版”则是显示该笔尖的具体区域；“清除全部”是清除掉所有的笔尖。

5. 预设区

这个区域比较隐秘，要单击“调整画笔”字样右侧的小图标才能出现，在这里可以设置预设和其他功能。其中的“柔滑”和“眼睛”都是我建立的预设，在 Part4 中会介绍预设的用途及其如何设置。

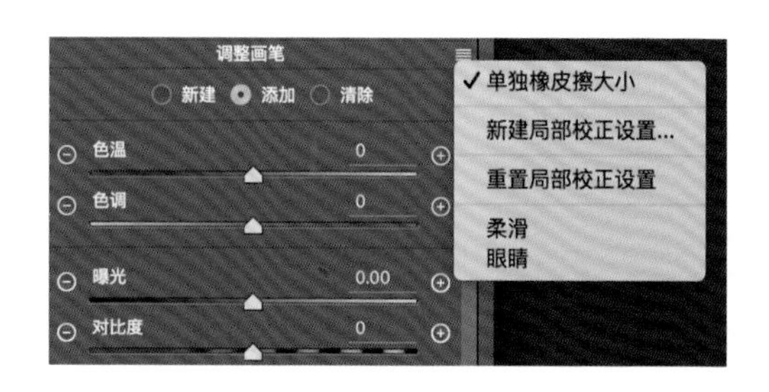

Part2 绘制选区

现在讲解绘制选区，用专业的语言就是“创建笔尖”，以及笔尖调整的方法。关于笔尖的设置，会用到上一部分中提到的：模式区、画笔区、笔尖区。

界面详解

模式区：该区域默认状态是“新建”，也就是创建一个新笔尖，在此模式下开始用画笔进行涂抹，模式会自动切换到“添加”，就可以开始绘制这个笔尖的区域。如果不小心画多了，需要擦掉一些区域，可以单击“清除”，这时候画笔就变成了橡皮擦。之后可以再单击“添加”切换到绘制模式，或者单击新建，创建第 2 个笔尖，不同笔尖可以设置不同参数。

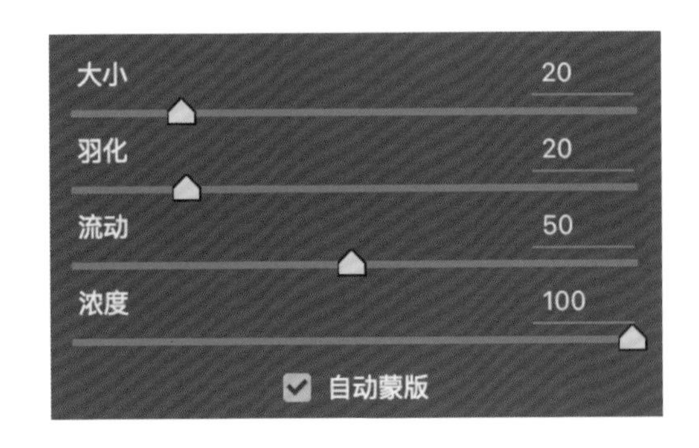

画笔区：在此处可以设置画笔，用画笔涂抹来创建、编辑和修改笔尖区域。

大小：画笔是圆形的，这里的大小可以控制画笔直径。在处理过程中，要随时更改画笔大小，可以使用快捷键] 和 [（一些 Windows 系统的计算机需要切换到英文输入法才能使用）。

羽化：该选项控制画笔边缘和未绘制之间的过渡，该数值越小，边缘过渡越生硬；数值越大，边缘过渡的区域越柔和。

流动和浓度：这 2 个滑块都是用来控制画笔输出量的，因为比较抽象，所以这里用做彩绘涂鸦的喷枪来打个比方。流动就是喷枪单位时间的喷射量，而浓度则是使用的墨汁浓度。这 2 个因素协同作用，共同控制输出量。流动经常被人忽略，其实在控制画笔输出的时候，流量是首先要调节的量，依然可以想象喷枪的原理，即通过调整枪口的喷射量，来使控制效果更精准。

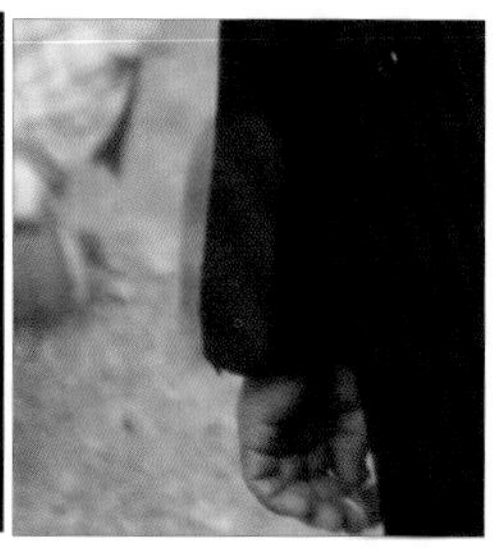

自动蒙版：这个选项很有用！当绘制一些边缘不规则、明暗或颜色很分明的物体时，无法手动精细控制选区，勾选“自动蒙版”后 ACR 会为你识别区域，制造出精准的边缘。不过当需要粗略涂抹时，它的“太智能”也会造成麻烦，容易导致选区有细微缺失，所以要按照实际需要来选择。

图中的小针为“笔尖”的标志，红色为笔尖覆盖区域。左侧没有勾选“自动蒙版”，要选择黑色的时候就会画出去，只能通过“清除”来擦除；右侧勾选了“自动蒙版”，ACR 会自动识别边缘和颜色对比，精准控制笔尖的作用范围。对着上面的图，来看看这 3 个选项的功能。

叠加：显示 / 隐藏笔尖的标志，也就是上图中的小针图标。

蒙版：显示 / 隐藏一个笔尖的区域，当建立多个笔尖时，勾选该选项后只能显示“当前笔尖”的区域，而非所有。

蒙版后面的红色框：单击它可以弹出一个拾色器，来选择蒙版的颜色。当涂抹的区域不太明显时，可以选择一个扎眼的蒙版颜色，从而使对区域的观察更加便利。此处可以选择颜色、不透明度或者颜色表示的区域。

清除全部：当建立了很多笔尖，然后突然不想要了时，单击这个按钮就可以将它们全部删除。

操作之前，再来展示一下“画笔”什么样子。选择“调整画笔”后，把鼠标指针移动到画面上，就能看到鼠标指针变成了画笔。虚线圈是画笔“大小”，如果设置了羽化，在其中就会出现一个小实线圈，它代表完全应用处理（调整区各种参数）的区域。虚线和实线之间就是羽化的过渡区域，调整强度会从内向外变弱，到虚线处，调整效果完全消失。

操作详解

1. 调整画笔参数

新建　添加　清除

我要选中左侧人物的衣服，给它换个色系，这就是对衣服的局部处理。首先单击“调整画笔”按钮，“模式区”在默认状态下就是“新建”。在绘制第一笔之前，先要调整画笔，所以现在将目光集中在“画笔区”。

大小 15
羽化 20
流动 50
浓度 50

因为要涂抹很大的面积，边缘有很多细节之处，所以我打算使用比较大的画笔来涂抹内部，再勾选“自动蒙版”，再微调边缘的范围。所以我使用的参数是：大小 15、羽化 20，流动和浓度都使用了 50。此时通过在一个位置多次涂抹，可以让处理效果加成，达到精准控制。不勾选“自动蒙版”，如果作为初学者不希望处理效果不一致，可以都调整为 100，也就是效果全输出状态。

这里请大家注意，无论视图调整到什么程度，画笔的大小在对话框中是不变的！我目前将视图设置为 300%，使用以上参数。所以说，大小的数值取决于视图和要处理的区域特点。

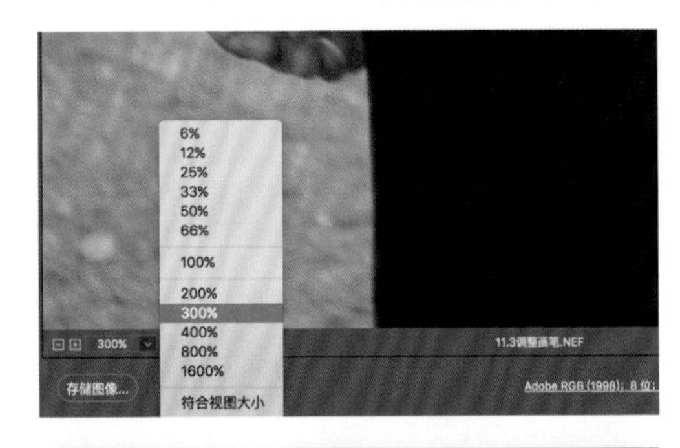

2. 笔尖设置

如果是初学者，我建议在建立笔尖之前一定要勾选“叠加”和“蒙版”，并且选择一个非常显眼的蒙版颜色，来区分选区和非选区。单击“蒙版”后面的拾色器，用鼠标选择一种颜色，以红色为例，之后单击“确定”。这样画出来的蒙版就会以红色标出，利于识别和操作。笔尖同时记录了蒙版参数和蒙版的范围，是连接两者的纽带。

3. 创建笔尖

在进行局部处理的时候，要先建立一个笔尖，然后用中间调整区的参数对其进行调整。将鼠标指针挪动到画面上，然后单击并按住鼠标左键拖动，就可以建立一个笔尖。此时可以看到，绿色小针是笔尖的标志，而红色区域就是笔尖的作用范围。

此时在模式区，“新建”已经自动跳转为“添加”，所以继续在画面上涂抹，不会建立新的笔尖，而是在拓展这个笔尖的区域。因为无法通过鼠标精准刻画人物衣服和环境的交界，所以我将照片涂抹成这个样子，就准备下一步操作。在这个过程中，可以使用抓手工具（或者按住空格键）来更改视图位置，并可通过缩放灵活控制画面显示大小。

新建 添加 清除

4. 自动蒙版

此时已经把衣服内部涂抹完毕，接下来就要用“自动蒙版”和模式来处理选区边缘了。勾选“自动蒙版”，然后沿着边缘小心涂抹，会看到 ACR 会根据边缘来选择区域。

不过在涂抹的时候，也会出现很多意外，比如人物的袖口和手掌就有一些颜色相近的地方被选中了，而衣服边缘也有一些区域没有被选中。

接下来，将继续使用“清除”和“添加”来完善选区。

5.“清除”与“添加”调整细节

现在要清除那些多出来的区域，先在模式区选择“清除”，然后记得再根据需求调整画笔。现在是橡皮擦的大小。这时会发现“浓度”失效，因为橡皮擦的浓度其实是 0，无法更改。流动滑块依然放在 50，我按照我的需求，将大小和羽化均调整为 10。

接下来的操作和添加选区类似，在不想要选区的地方按住鼠标左键涂抹，就可以擦掉多余的红色，而本来就没有被选中的区域则不受影响。如果此时发现“自动蒙版”干扰了调整效果，可以将其取消勾选。

清除好了之后，还有一些需要增加选区的位置。现在继续选择“添加”，橡皮擦变回了画笔，在那些想添加的选区进行涂抹，将选区补全。

6. 建立更多笔尖

经过较长时间的细节调整，已经将这个人的衣服纳入了选区。接下来将蒙版取消勾选，红色就会消失，就可以在调整区进行参数变化，调整画面了。后面将会讲解如何调整。

调整完成后，可以如法炮制，在模式区单击“新建”，建立下一个笔尖。此时又会出现一个绿色针，之后就可以重复刚才的过程，进行操作了。如果要删除一个笔尖，单击笔尖，然后直接按 Delete 键就可以。

新建 添加 清除

小提示

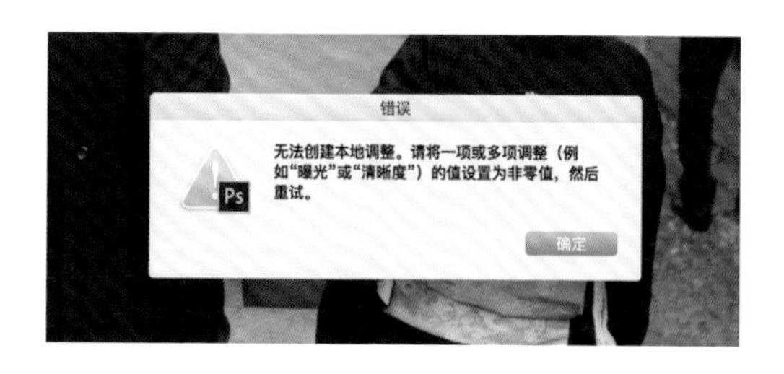

1. 这是什么？

当创建笔尖的时候出现了这个界面时，不要慌张，这不是软件错误。单击“确定”，然后在调整区随便设置一个参数，就可以进行选区绘制了。绘制好之后，再重新调整参数。

2. 撤销操作

参数如果调错了，调回去就可以，但是如果一笔画错，再用“清除”来擦就费劲了。使用快捷键可以直接撤销操作：回到上一步的快捷键是 Ctrl+Z 或 Command+Z；如果要一步步回去，就可以使用快捷键 Ctrl+Alt 或 Command+Alt，然后不停按 Z 键。

3. 选区可拖动

当单击并按住鼠标拖动绿色指针的时候，选区会整体移动。如果是误操作，按照刚才的方法“回到上一步”即可。

4. 建立总体思路

要局部处理照片，一定要有总体思路。细致观察照片，并思考要如何处理照片，才会有的放矢，不盲目。

Part3 参数调节

建立好选区（也就是笔尖）之后，就要来品尝辛苦选择的果实了——使用“调整画笔”中的各种滑块对该区域进行处理。

界面详解

“调整区”的大部分滑块，在之前的面板学习中都已经讲过，不过在各个面板中，滑块都是对整张照片起作用的，而这里的所有滑块都只对笔尖的蒙版区域起作用。我会用它们来调整选区的表现。先来简单说一下这些滑块的作用。

色温：调整蓝色 / 黄色的表现。

色调：调整绿色 / 品红色的表现。

曝光：整体亮度。

对比度：高光和阴影亮度的对比强度。

高光：调整照片较亮区域的亮度。

阴影：调整照片较暗区域的亮度。

白色：调整照片最亮区域的亮度。

黑色：调整照片最暗区域的亮度。

清晰度：调整照片锐度、对比度，增强或减弱立体感和细节表现。

去除薄雾：去掉或增加照片的朦胧感，也就是俗称的“去雾霾”。

饱和度：调整色彩强度。

锐化程度：锐化画面。

减少杂色：降噪处理。

波纹去除：控制照片上的摩尔纹表现。

去边：消除边缘的不自然感，包括紫边、自动蒙版周围选择不好的、锐化过头的白边等，该滑块的功能很多样，出现上述问题时都可以使用。

颜色：改变蒙版区域的色彩倾向。

功能详解

1. 检查选区

接着上一次的处理，已经选择人物大衣，接下来在 ACR 中继续处理。首先使用放大工具将照片放大到 200% ～ 400%，然后按住空格键将鼠标指针切换为抓手工具，单击并按住鼠标左键拖动来改变视图，查看选区是否精准。

2. 隐藏蒙版

在绘制蒙版的时候，勾选“蒙版”来显示具体的区域，现在要处理照片了，需要精准查看画面，就取消勾选“蒙版”，露出照片的原貌。这时候依然勾选着“叠加”，所以那个标志着笔尖的红色小针还在。建议不要取消勾选“叠加”，这样可以掌握画面上的笔尖分布情况，避免误操作。

作为初学者，要先通过调整画笔右侧菜单中的“重置局部校正设置”，把调整区的参数归零，让照片还原到没处理的状态。

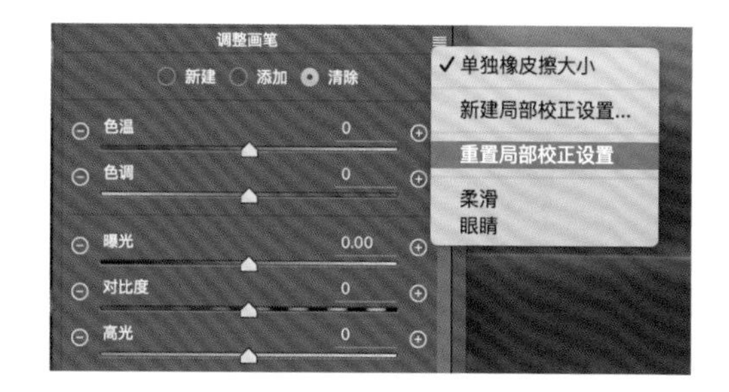

3. 基本调整

现在怎样调整，就看个人的想法了。我提供了 2 种调整的思路，首先是基本调整。这件衣服太暗了，不过色调是正确的，所以先将它提亮，并增加清晰度。用了曝光 1.75、对比度 +26、高光 +20、白色 +10、清晰度 +16 的设置，提高了衣服的亮度、影调和立体感。

4. 创意调整

不是以修正照片问题、还原或者突出照片景物为目的的调整，我把它叫作“创意调整”，涉及更改照片内容、增加戏剧性等有趣的方面。这里就来更换人物衣服的颜色。将曝光调整为+4.0，然后通过色温、色调选项来调整颜色。将色温调整为 +6，色调调整为 -50，让照片呈现出军绿色。最后，把清晰度调整到 20 来增强质感。

如果还想更“过分”，可以单击颜色后面的画框，选择一个颜色的色罩。在“色温”“色调”和“颜色”的协同作用下，就可以更加细微地调整衣服的颜色。

5. 再次调整蒙版区域

调整完成后，再次放大照片的视图，检查蒙版区域是否需要调整，然后继续选择“清除”和“添加”模式，进行选区的调整。

6. 继续建立笔尖

如果想继续调整其他区域，在“调整画笔”面板的模式区选择“新建”，然后设置画笔的选项，之后建立第 2 个笔尖。此时第一个笔尖的红色小针变成白色，而新建的笔尖则是红色，标明现在该笔尖处于编辑状态。之后重复以上操作，处理选区进行调整。然后还可以建立更多笔尖进行调整，如果想重新处理某个笔尖，单击小针即可。

Part4 预设编辑

前面讲解了“调整画笔”的概况、建立和调整选区以及使用参数进行调整。有时候会建立调整画笔来提亮眼睛，或者锐化某些边缘，这时候不需要再次调整这 15 个参数，将自己常用的参数保存为预设，就可以随时调用。接下来讲解这个功能。

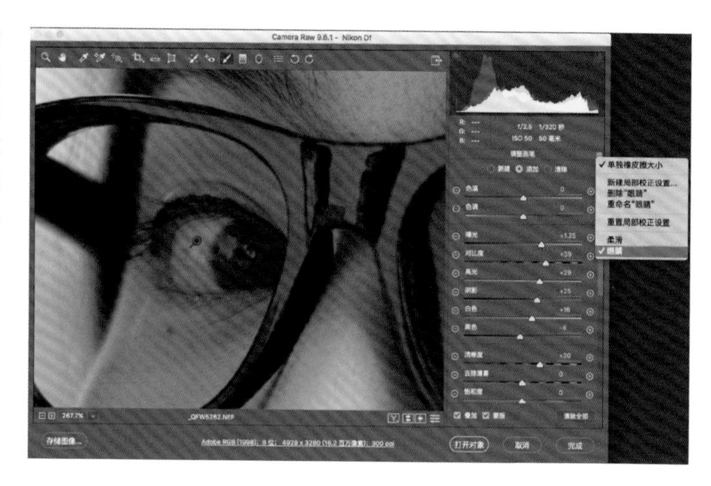

功能讲解

“预设区”比较隐秘，要单击“调整画笔”字样右侧的小图标才能出现，其中有 3 个选项，其实第一个选项和预设没有关系，不过也会说一下。

单独橡皮擦大小：控制切换“添加”和“清除”时画笔的大小是否一致。勾选时，切换为“清除”时的画笔大小是单独设置的，不和“添加”的画笔同步；而取消勾选，“清除”和“添加”的画笔大小是相同的，不过也可以随时调整。根据我的经验，建议勾选。

新建局部校正设置：可以理解为“新建预设”，调整好参数后，直接单击这个选项就可以储存目前的参数预设。

重置局部校正设置：将调整画笔的所有参数归零，在建立新笔尖的时候可以用来归零参数。

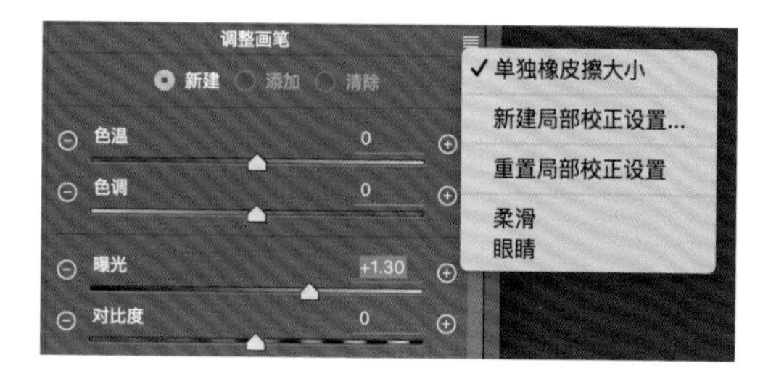

详细操作

1. 新建预设

首先运用“调整画笔”设置好参数，如果觉得以后会经常使用这个参数，可以单击“调整画笔”字样右侧的菜单按钮，然后选择“新建局部校正设置”。

在弹出的对话框中输入想要的名字，此处我将其设置为“眼睛”，然后单击“确定”应用设置，现在就在设置菜单里建好 1 个预设了。

2. 应用预设

当我在处理另一张照片时，先使用画笔进行涂抹，在需要使用这组参数时，直接在菜单中选择“眼睛”即可。然后还可以根据照片的实际情况，对参数进行微调。

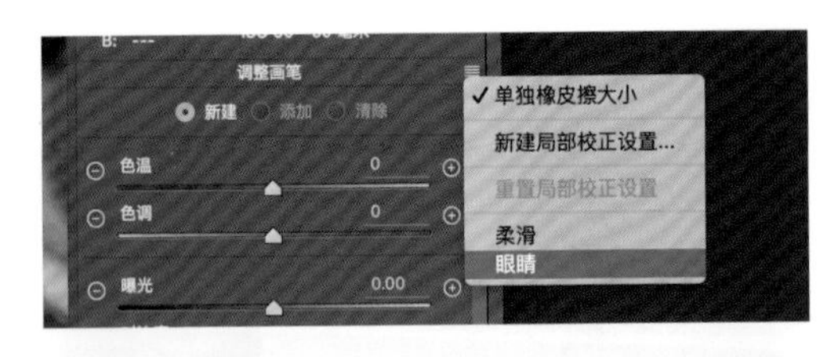

3. 编辑 / 建立多个预设

如果认为“眼睛”这个名字不好，或者想将其删除，就在菜单中选择“删除‘眼睛’”或者“重命名‘眼睛’”，对其进行编辑。如果建立了多个预设，单击该预设后就可以对它进行编辑。

11.4 渐变滤镜

工具概述

名称：渐变滤镜

快捷键：G

位置：工具栏第 12 个图标

功能：建立渐变选，区局部调整照片

难度：★★★★☆

当天、地亮度不均一的时候，会使用中灰渐变镜来压暗天空，不过这种滤镜并不好用，地平线起伏过大不能用，超广角镜头不能用，光比不合适也不能用……毕竟那片玻璃没法调整参数。本节要讲的 ACR 中这款渐变滤镜，则非常全面！

顾名思义，可以在 ACR 中建立一个渐变处理区域，然后对该区域进行调整。这时候不仅能压暗该区域，还能提亮、锐化、去雾霾，实现多种处理效果，同时还能对滤镜区域进行编辑，这些都是它的现实版——中灰渐变镜干不了的。单击 ACR 界面工具栏第 12 个图标，或者按快捷键 G 就能进入这个面板。老规矩，先分区讲解它的功能，然后再开始操作。

1. 模式区

“新建”就是创建新的渐变滤镜选区；“编辑”是可以调整选区的参数；“画笔”则可以对选区的区域进行增减。

2. 画笔区

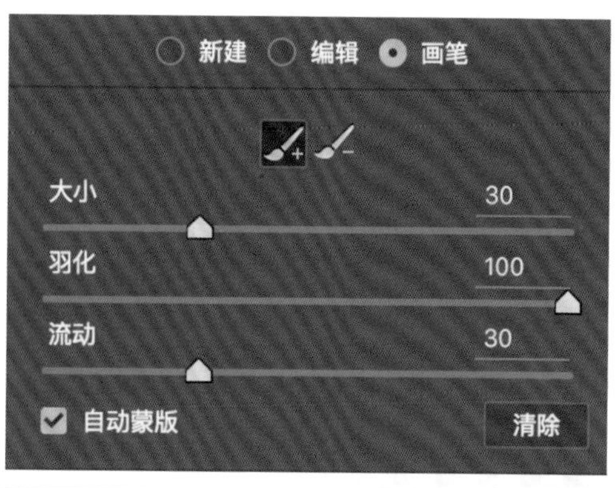

建立好一个滤镜后，当需要微调区域范围时，可以使用画笔，以涂抹的方式在画面上添加或者减少选区。一般我都是用它来减少区域，很少使用添加。

大小：画笔是圆形的，大小控制画笔直径，使用快捷键] 和 [可以随时更改画笔大小。

羽化：该选项控制画笔边缘和未绘制区域的过渡，该数值越小，渐变越生硬；该数值越大，渐变越自然。

流动：用来控制画笔输出量的，数值越高，输出量就越大。

自动蒙版：自动识别物体边缘，可以在微调选区的时候精准选择。

3. 调整区

这个区域和“调整画笔”完全一样，也就是当建立的选区进入“编辑”状态时，可以用它调整该区域的表现。这些滑块的作用如下。

色温：调整蓝色 / 黄色的表现。

色调：调整绿色 / 品红色的表现。

曝光：整体亮度。

对比度：高光和阴影亮度的对比强度。

高光：调整照片较亮区域的亮度。

阴影：调整照片较暗区域的亮度。

白色：调整照片最亮区域的亮度。

黑色：调整照片最暗区域的亮度。

清晰度：调整照片锐度、对比度，增强或减弱立体感和细节表现。

去除薄雾：去掉或增加照片的朦胧感，也就是俗称的“去雾霾”。

饱和度：调整色彩强度。

锐化程度：锐化画面。

减少杂色：降噪处理。

波纹去除：控制照片上的摩尔纹表现。

去边：消除边缘的不自然感，包括紫边、自动蒙版周围选择不好的、锐化过头的白边等，该滑块的功能很多样，出现上述问题时都可以使用。

颜色：改变蒙版区域的色彩倾向。

4. 蒙版区

建立好滤镜调整的区域后，可以通过勾选 / 取消勾选“叠加”来显示 / 隐藏滤镜位置的标识，勾选 / 取消勾选“蒙版”来查看滤镜的区域，通过后面的拾色器来选择适合的蒙版颜色。利用“清除全部”则可以删除画面上所有滤镜效果。

5. 预设区

这个区域和“调整画笔”完全一样，而且预设还是通用的，前面讲调整画笔时建立的“柔滑”和“眼睛”这 2 个预设在渐变滤镜中也可以使用。

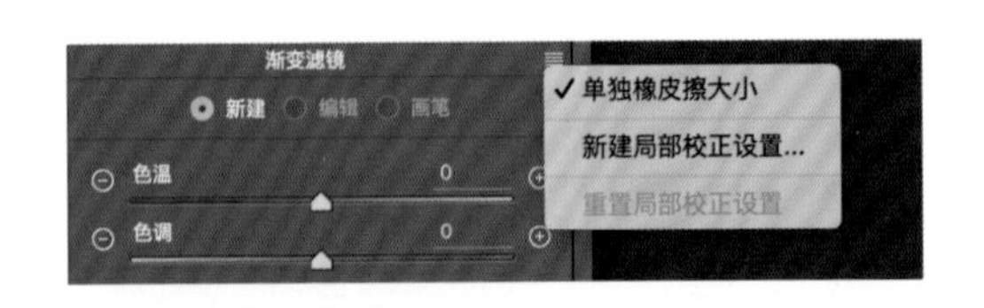

6. 滤镜区

我建立的这个滤镜，因为蒙版颜色为红色，所以红色区域就是滤镜作用范围。画面中有 2 条横虚线、一条纵虚线，它们就是“滤镜”的标识。红色虚线代表滤镜终结，它以外的区域不受滤镜调整影响；纵虚线是滤镜方向标识；绿色虚线为渐变终结，它以外是完全受滤镜影响区域，而两条线中间则是渐变的区域，效果会从红到绿逐渐增强。用鼠标按住中间虚线可以增大滤镜调整的位置，按住红色和绿色点可以调整 2 条虚线的位置和滤镜的角度。

操作详解

1. 建立第 1 个渐变滤镜

面对这张水面曝光比较正常，而天空显得平淡无奇的照片，我决定用渐变滤镜将天空压暗。首先单击渐变滤镜的图标，这时候模式区默认显示为“新建”。之后先勾选下方的“蒙版”，并单击后面的颜色框，调出拾色器，将蒙版选为非常显眼的红色，待会儿就可以轻松观察选区的区域了。现在将鼠标指针移动到画面上方，然后单击并按住鼠标左键向下拖动，建立了一个红色区域的渐变滤镜。

2. 调整滤镜区域

接下来用鼠标左键按住绿色的点，将其向下拉，来调整渐变的区域；再调整红色点位置，更改滤镜结束的区域，将它放在水面向下一点点的位置。如果想建立的是横平竖直的滤镜，可以在用鼠标按住点转动的同时按下 Shift 键，就能保持滤镜角度水平了。

3. 微调选区

我要压暗天空，但现在灯塔也囊括在处理区域中了。在模式区选择“画笔”，会弹出画笔的菜单。此时模式选择为“–”号，即减少选区，然后放大画面到 160%，调整画笔的参数，并勾选“自动蒙版”，在灯塔和树林处进行涂抹。

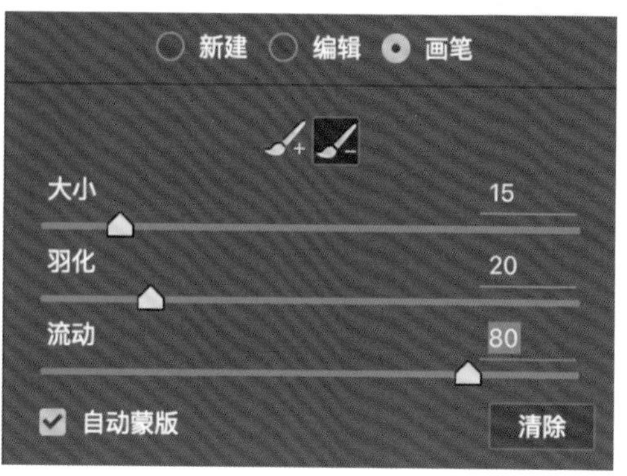

此时红色的蒙版会减少，而且因为“自动蒙版”的勾选，ACR 会智能选择涂抹的区域，保证自动选择灯塔的位置。如果发现涂抹出现了问题，可以取消勾选“自动蒙版”进行全手动涂抹。要是发现涂抹到天空了，可以单击“+”画笔，重新添加区域，或者按 Ctrl/Command+Z 撤销一步操作。然后仔细检查选区，确保灯塔、房子和树木都已经没有绿色的蒙版了。

4. 调整参数

现在先取消勾选蒙版，露出照片，然后开始对参数进行调整，改变照片的表现。首先，将曝光降低到 –1.00，并将色温调整为 –15，让天空更深，更蓝。然后使用高光 +20、阴影 –20 来增强天空的反差。最后使用清晰度 +20、去除薄雾 +20、饱和度 +30 的数值让天空颜色更强烈，给人感觉更通透。

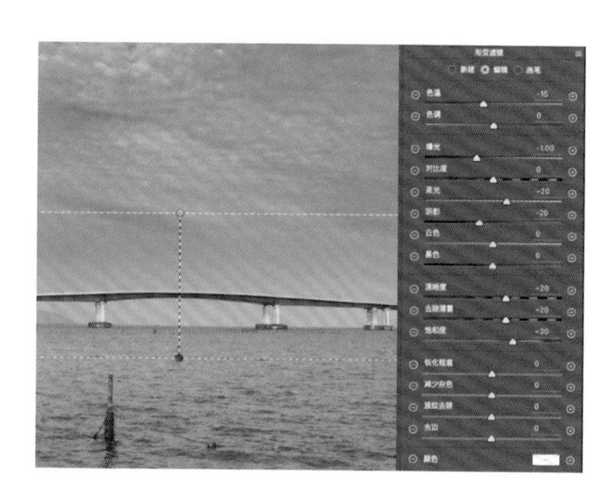

5. 再微调选区

调整好参数后，可能会发现刚才选区调整出现问题，比如说灯塔周围涂抹过多了，这时候可以在画笔中选择“+”——添加模式，重新涂抹增加选区，让处理效果更加逼真。

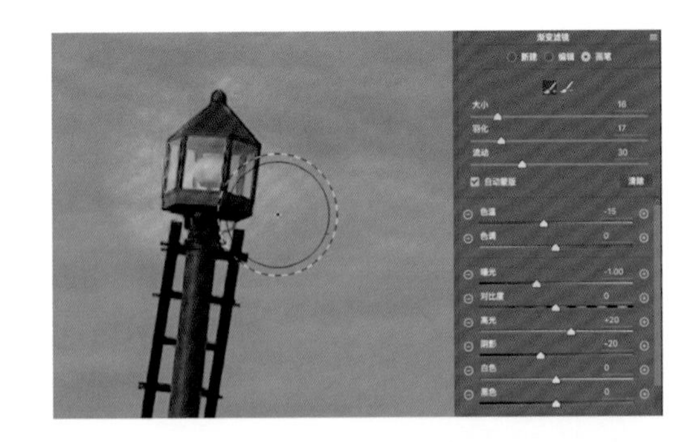

6. 保存预设

我不常存储预设，因为我喜欢根据每张照片的特点来调整。不过如果你喜欢存储参数，在调整满意后，可以在此菜单中选择“新建局部校正设置”来保存这组参数，并将其命名，以后可以在这里随时调用。

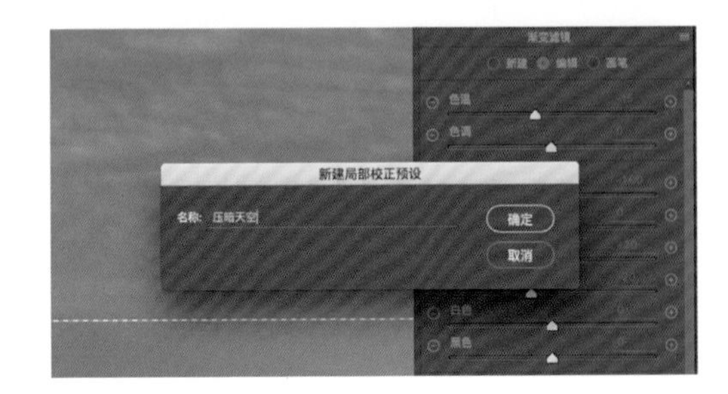

7. 建立第 2 个滤镜

此时可以继续添加滤镜。在模式区选择“新建”，然后第一个滤镜的红色、绿色虚线消失，这说明它处于非编辑状态。继续建立第二个滤镜，从照片下部往上，建立第二个滤镜来增加水面的质感。还可以添加更多滤镜，进行局部调整。处理完成后，可以将“叠加”和“蒙版”都取消勾选，去掉滤镜的所有标识和区域显示，来查看效果。要是想把一个滤镜删除，单击滤镜，再按下 Delete 键即可；要把它们都删掉，单击“清除全部”按钮即可。

11.5 径向滤镜

工具概述

名称：径向滤镜

快捷键：J

位置：工具栏第 13 个图标

功能：建立圆形选区，局部调整照片

难度：★★★★☆

要提亮人脸，或者是制造一轮红日，用渐变滤镜是不行的，因为它是一个“片杀伤”类工具。下面这个工具——工具栏的最后一个局部处理利器——径向滤镜即将登场。这个滤镜除了选区范围，其他功能和“渐变滤镜”几乎一样，但是使用思路有很大区别，它是一个“点杀伤”的工具。

利用该滤镜可以建立一个圆形选区，将圆的外部或内部作为选区，进行区域性处理。最早是用来添加暗角的，但是后来大家发现它更厉害的作用是用于在圆内部进行局部处理。虽然界面似曾相识，但下面还是会详细介绍每一个区域。

1. 模式区

“新建”就是创建新的滤镜选区；“编辑”可以调整选区的参数，从而调整画面的表现；“画笔”则可以对选区区域进行增减。

2. 画笔区

当选择画笔的时候，会看到画笔设置。包括最上方的画笔模式（增加还是减少区域）和以下设置项。

大小：画笔是圆形的，大小控制画笔直径，使用快捷键] 和 [可以随时更改画笔大小。

羽化：该选项控制画笔边缘和未绘制区域的过渡，该数值越小，渐变越生硬；该数值越大，渐变越自然。

流动：用来控制画笔输出量的，数值越高输出量就越大。

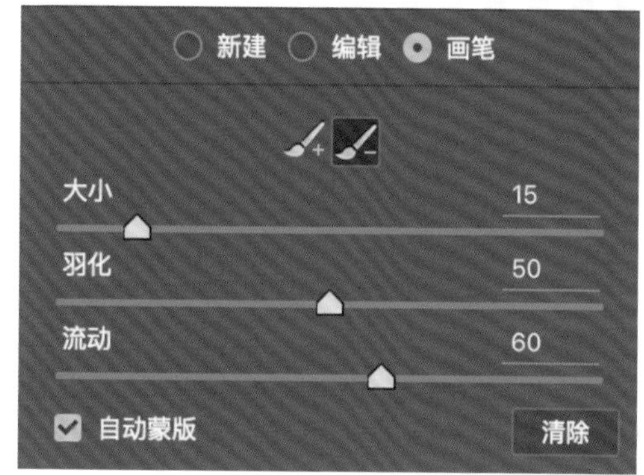

自动蒙版：自动识别物体边缘，可以在微调选区的时候精准选择。

3. 调整区

这个区域和“调整画笔”“渐变滤镜”中完全一样，也就是当建立的选区进入“编辑”状态后，可以用这些选项来调整该区域的表现。

色温：调整蓝色 / 黄色的表现。

色调：调整绿色 / 品红色的表现。

曝光：整体亮度。

对比度：高光和阴影亮度的对比强度。

高光：调整照片较亮区域的亮度。

阴影：调整照片较暗区域的亮度。

白色：调整照片最亮区域的亮度。

黑色：调整照片最暗区域的亮度。

清晰度：调整照片锐度、对比度，增强或减弱立体感和细节表现。

去除薄雾：去掉或增加照片的朦胧感，也就是俗称的“去雾霾”。

饱和度：调整色彩强度。

锐化程度：锐化画面。

减少杂色：降噪处理。

波纹去除：控制照片上的摩尔纹表现。

去边：消除边缘的不自然感，包括紫边、自动蒙版周围选择不好的、锐化过头的白边等，该滑块的功能很多样，出现上述问题时都可以使用。

颜色：改变蒙版区域的色彩倾向。

4. 蒙版区

“羽化”用来设置滤镜边缘的过渡情况，数值越大过渡越自然；“效果”则是控制滤镜范围，“内部”就是调整效果作用在圆圈内，“外部”则是保持圆圈内不变，圆圈之外应用调整效果。

建立好滤镜后，就可以通过勾选 / 取消勾选“叠加”来显示 / 隐藏滤镜位置的标识；通过勾选 / 取消勾选“蒙版”来查看滤镜的区域，并可通过后面的拾色器来选择适合的蒙版颜色；利用“清除全部”删除画面上所有滤镜效果。

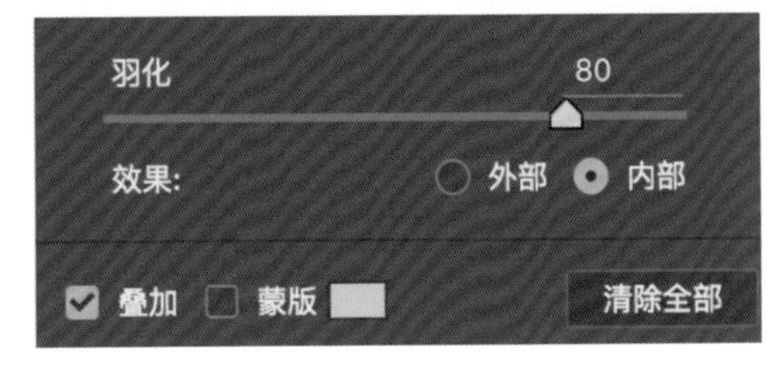

5. 预设区

这个区域和“调整画笔”“渐变滤镜”中完全一样，而且预设还是通用的。

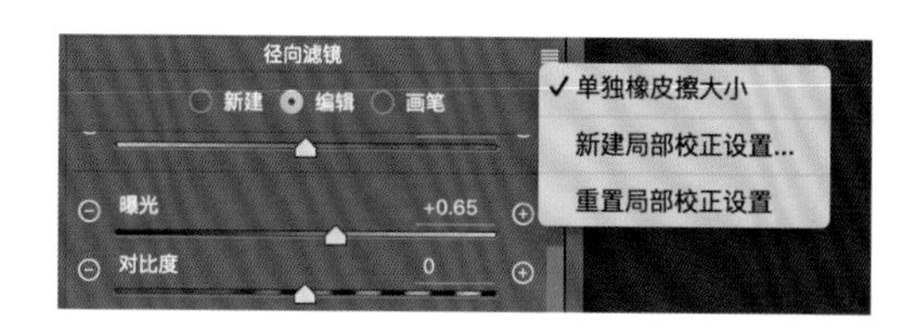

6. 滤镜区

此时圆圈内的红色区域就是处理区域，可以看到界面右下方的“蒙版”处我选择了红色，且“效果”是“内部”。此时红色区域在圈外也有一些，这是因为“羽化”选择了较大的数值 80，边缘的过渡非常平滑。

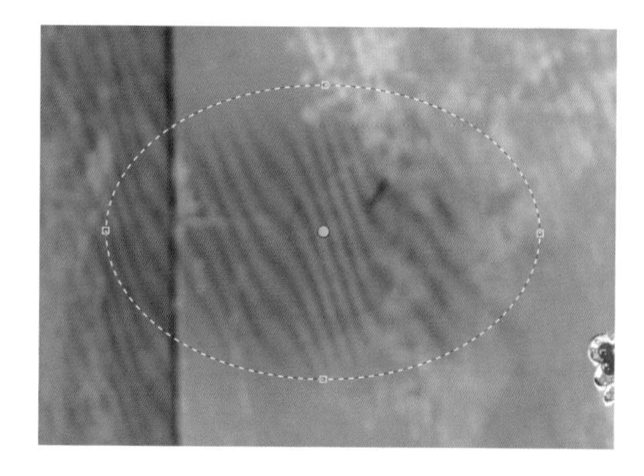

操作详解

1. 创建选区

分析这张照片，人物脸颊因为光线角度的关系比较暗淡，所以要先建立一个滤镜，把脸颊提亮。选择渐变滤镜，初始状态下的模式是“新建”。此时将羽化设置为 80，勾选叠加和蒙版，在人物脸颊上单击并按住鼠标左键拖动，建立一个选区。通过调整点，将滤镜的位置和形状设置在脸颊处。

此时的模式已经变为“编辑”。现在取消勾选蒙版和叠加，露出画面真实效果，然后在预设区将参数重置归零，再将曝光设置为 +0.55，这时候可以看到脸颊区域明显被提亮。

2. 建立第二个滤镜

在模式区选择“新建”，然后在人物脸上继续建立第二个滤镜，范围覆盖整个面部。调整好位置后，将参数设置为：曝光 +0.65、清晰度 -100，此时降低清晰度可以让皮肤更柔滑。但是现在的问题是：眼睛、眉毛和嘴唇等需要锐利的区域也被柔化了。

3. 画笔涂抹

在模式中选择“画笔”，然后将画笔设置为“-”，大小要根据实际需要调整。我将其调整为 10，羽化设置为 50，流动为 60，并勾选“自动蒙版”，然后将画面放大到 100%，将下面的蒙版颜色设置为绿色——原来的红色和嘴唇重合了，不方便处理。

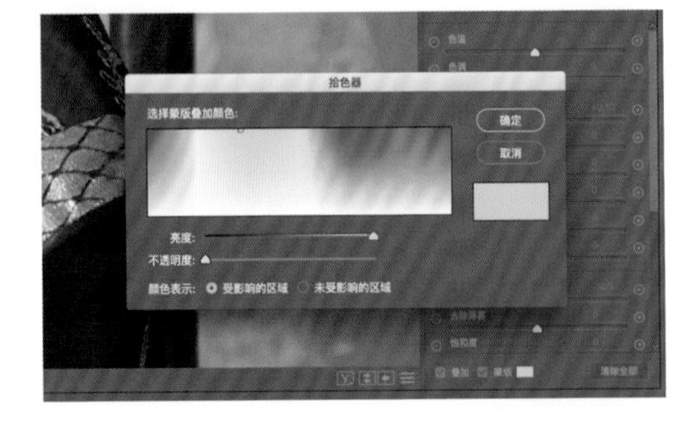

现在可以准备开始涂抹。在人物的眼睛和眉毛处进行涂抹，然后通过抓手工具移动视图，继续涂抹另一侧的眼睛与眉毛。涂抹时不要犹豫，鼠标滑动要流畅一些。因为勾选了自动蒙版，ACR 会根据颜色和明暗判断选区，让涂抹更方便、更精准。

4. 后续调整

在调整好参数之后，还可以继续通过之前讲过的去除污点、基本面板和剪裁工具对照片进行处理。学到这里应该已经掌握了 ACR 绝大多数的处理工具，所以可以开始自信地组合工具，施展自己的想法了。

小提示

1. 用快捷键加快调整速度

在调整径向滤镜的形状时，滤镜会以中央点为对称，左右会同时变形。但如果需要一边保持不变，可以按住 Alt 键拖动外框。而按住 Shift 键拖动外框则可以等比例缩放整个滤镜。滤镜还有一些快捷键，比如要复制滤镜，按住 Ctrl 与 Alt 键的同时单击并拖动它，就能直接将其复制为一个新滤镜。

2. 更多创意用途

其实径向滤镜除了常规调整，还能制作很多创意。比如这张照片中将白天的场景变成晚上，其中的操作有降低曝光、调整色温等，然后还制造了一个月亮，这个月亮就是通过两个重叠的径向滤镜完成的，其中一个羽化为 0，而另一个羽化更高，作为光晕。

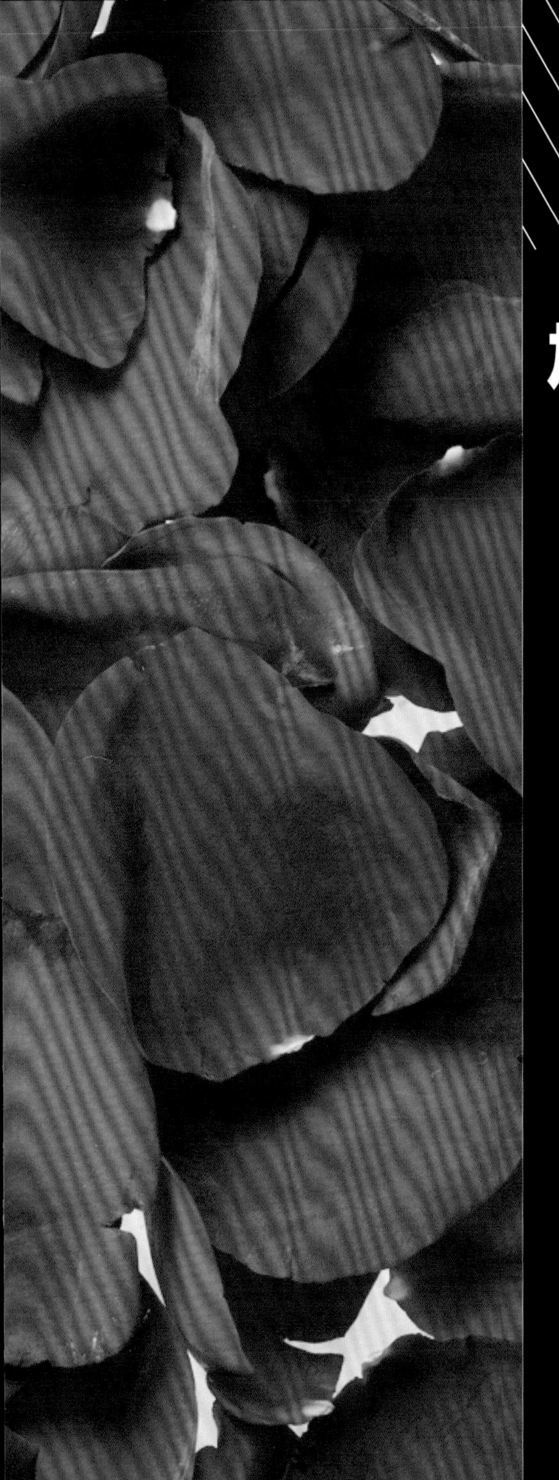

第 12 章

加快处理的脚步

使用预设和快照，可以让处理效率起飞。

众所周知，Photoshop 和 ACR 都是“单兵作战”能力很强的处理工具，那如何对多张照片进行处理，或者将一张照片进行多种类型的处理？本章所讲的内容其实没有实际处理效果，但借助它们，处理效率会高到起飞！

12.1 用预设进行批处理

工具概述

名称：预设
位置：面板栏第 9 个图标，预设面板
功能：存储、导入和应用整套调整参数
难度：★★☆☆☆

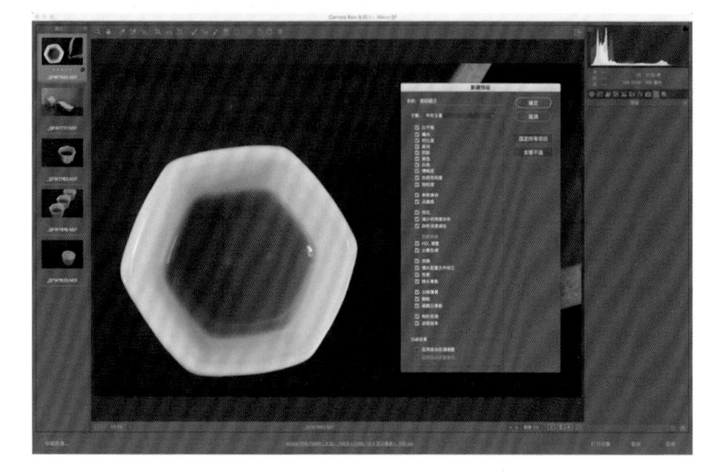

在之前的章节里，已经介绍了 ACR 绝大部分的功能操作，想必大家已经可以对照片进行全局和局部处理。现在我想把别人的设置载入我的照片，或者是批量处理一些照片，就要用到“预设面板”了。

预设在两种情况下最为常用：第一是摄影爱好者使用别人的预设来调整自己的照片；第二是对某一场景的照片进行批处理操作。“预设”操作的逻辑：调整参数 > 建立预设 > 批量应用 or 载入预设文件 > 应用在照片上。需要先对照片进行调整，然后将这些参数存为预设，或者从网上、朋友那里获取一些预设文件，预设文件的后缀名为 .XMP。

界面详解

打开“预设”面板，会发现一片空白，因为此时并没有储存或导入任何设置。这里有 3 个按钮是可以进行操作的。

界面详解

除了“预设”字样右侧的“菜单”按钮和面板右下角的“新建预设”按钮，当建立了预设，右下角像垃圾桶图形的“删除预设”就可以使用了。单击“新建预设”按钮会弹出图所示界面，可以将当前调整的设置存为预设，而且还能选择储存的项目，并给预设命名。单击“预设”左侧的“菜单”按钮可以看到很多选项，其中有几个和预设有关系，下面会详细讲解。

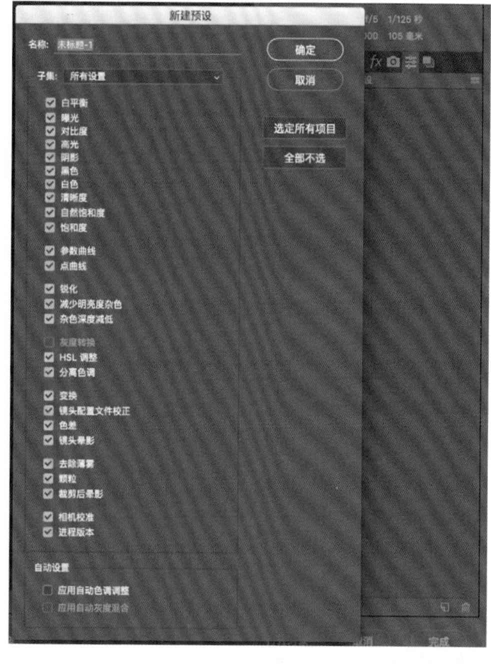

1. 处理照片

先拍摄一系列亮度、调性相同的照片，然后先打开其中一张，对它进行处理，用这张照片的参数来创建预设，然后应用在其他照片上。首先在“基本”面板中调整了影调，之后又在“HSL/灰度”面板调整了颜色的局部表现。最后，使用剪裁工具，对照片进行了剪裁。对于这张照片，应用了“基本”面板、“HSL/ 灰度”面板和剪裁，前两个需要设置在预设中，而剪裁则不需要。

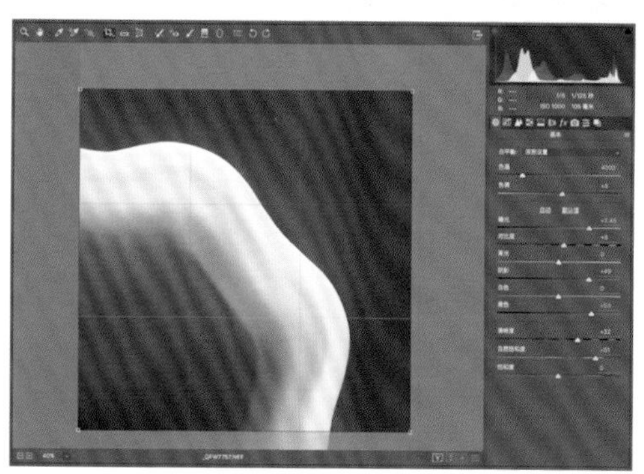

2. 设置预设

打开预设面板，单击右下方的“新建预设”图标，会弹出预设储存对话框。先给预设命名，比如“调整影调”。在“子集”中选择“基本”，这时候“基本”面板中的所有项目被勾选，而其他都处于未选中状态。这时候再勾选下面的“HSL 调整”，就选中了所有我调整过的项目。这里没有剪裁项目，所以不用担心照片被批量剪裁。

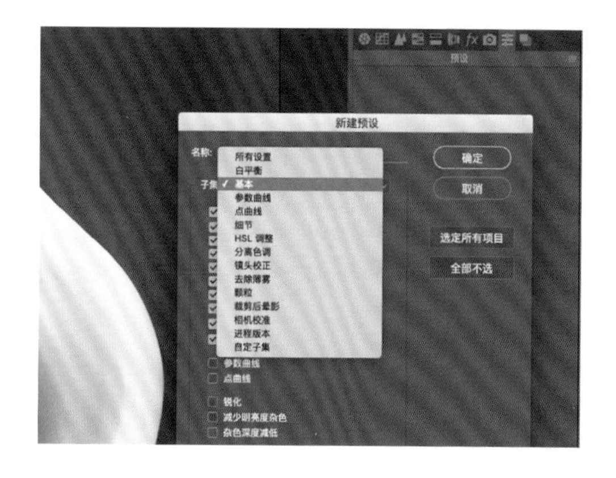

不建议勾选下方的“应用自动色调调整”，因为我不需要 ACR 的自动调整。检查后单击“确定”，就可以看到“预设面板”中出现了一个预设——调整影调。

3. 应用预设

建立好预设并储存好这张照片后，多选数张 Raw 格式照片，通过双击或者拖入 Photoshop 的方式将它们在 ACR 里打开。这时候会发现，在 ACR 界面左侧出现了一个照片列表，而单张打开时不会出现这个区域。对于该区域功能后面会讲解到。

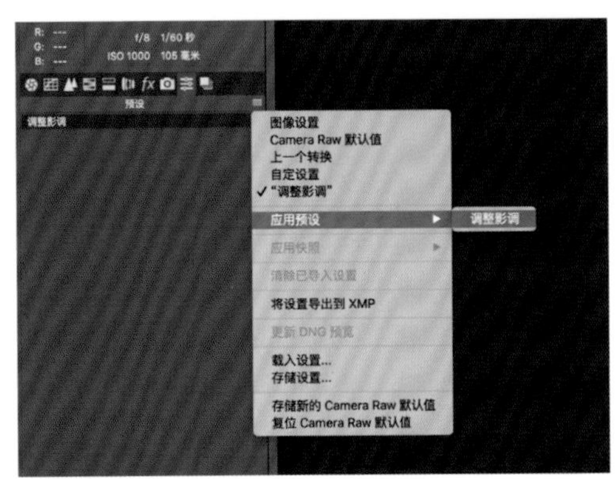

现在通过快捷键 Ctrl（Mac 系统 Command）+A 全选照片，然后单击“预设”面板，再单击“调整影调”，这 5 张照片就应用了该预设。这时候如果保持照片都被选中的状态进行调整，所有结果都会被同步。但如果要调整某一张照片，就单击那张照片，使它处于被选中状态，然后就可以对它进行任意调整了。当有很多预设，并使用熟练了，也可以从面板名称旁边的菜单中通过“菜单 > 应用预设 > 调整影调”来快速应用该预设。

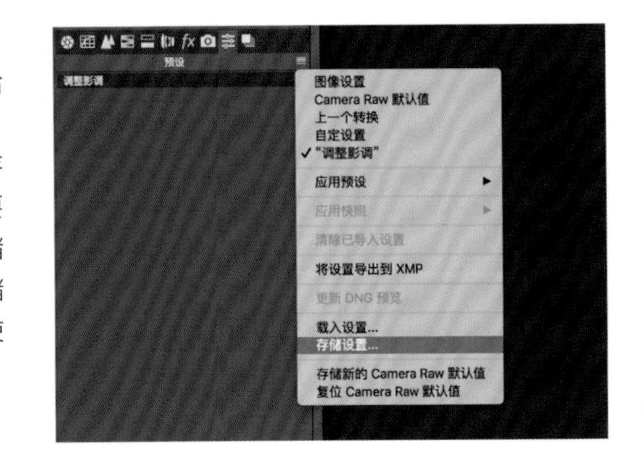

还可以

1. 分享预设

可以把照片的预设保存为 .XMP 文件分享给别人。在使用任何面板（除了滤镜、调整画笔、污点去除面板）时，在面板名称右侧菜单中选择“存储预设”，之后会弹出这个熟悉的界面。选择要储存为预设的项目或子集，单击“储存”，在储存的界面中定义名称、选择位置，然后继续单击“储存”。最终在该位置会出现储存的文件，可以使用它进行操作，也可以将它分享给别人。

2. 使用别人的预设

当要使用网上下载或别人分享的预设时，其操作比自己建立预设简单很多。在该菜单中选择“载入设置”，然后选择那个 .XMP 文件即可。还可以将它们存为预设，以便之后使用。

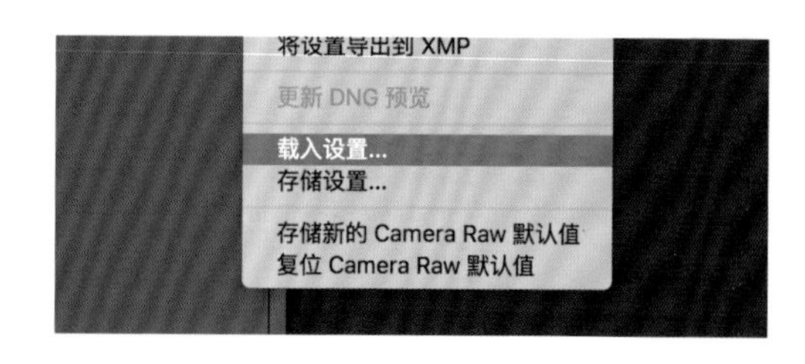

小提示

1.XMP 文件

这是个经常让 Raw 处理者困惑的文件，当处理好一张照片的时候，经常会发现在该文件的目录下多了一个同名的 .XMP 文件。其实它就是这张照片的“预设文件”，其中记录了这张照片的调整步骤，还可以直接将它作为预设文件使用。

2. 预设双刃剑

当建立了足够多的预设后，处理照片的速度就会极快，只需单击鼠标就可以达到各种调整效果。不过如此便捷的操作是有前提的，需要对自己的预设体系和每个预设的作用、预设混合的作用极为了解。也就是说，并非是建立很多全体子集的预设，而是分面板进行建立，可以迅速将照片调整为某种感觉，然后再进行微调。比如，建立若干个色调曲线、几种分离色调预设，在处理的时候将它们混合使用，才能达到“1+1 > 2”的效果。

再次说明，即使用 ACR 建立再多预设，或者下载了再多预设，如果不清楚预设项目的原理，不知道该如何进行微调，则 ACR 预设体系就是一个美图秀秀罢了。所以，即便懂得了建立预设，也要学习门道。

12.2 快照功能

工具概述

名称：快照

位置：面板栏第 10 个图标，快照面板

功能：储存当前照片所有参数并随时调用

难度：★★★☆☆

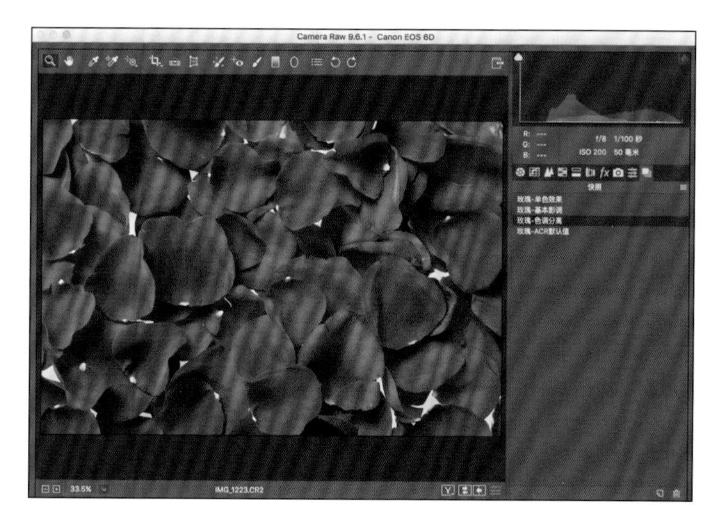

在讲快照这个简单功能之前，先要把它背后的知识分享给大家，也就是为什么要有这个功能？这要从处理照片的方法说起。我喜欢把处理照片分为以下 3 个阶段。

第 1 阶段 问题矫正：弥补前期拍摄、相机原理造成的问题，如白平衡、曝光，还有污点去除等。当然，这个阶段还分很多小类别，这里不做赘述。

第 2 阶段 创意思路：此时照片已经比较“正确”，但“正确”是不够的，要做到有个性、有风格，还要进行创意调整，如通道曲线、效果面板、区域处理等。

第 3 阶段 创造场景：这个涉及抠图拼接，ACR 已经无法完成。

如果想对一张照片进行多种创意修图，该如何处理呢？难道需要重复第 1 阶段操作吗？当然不是！这就是“快照面板”大显神通的地方了。

可以在完成第 2 阶段操作后建立一个快照，然后利用它进行不同创意处理。处理好一个效果，再把它建立为快照，然后回到原来的状态，再进行下一种创意处理。下面就来看看详细方法。

操作详解

1. 完成第 1 阶段处理

用 ACR 打开一张照片，先对它进行基本处理。首先在基本面板中校正了照片的色温和曝光，然后使用污点去除来修除花瓣上的瑕疵，最后还对照片进行了剪裁。

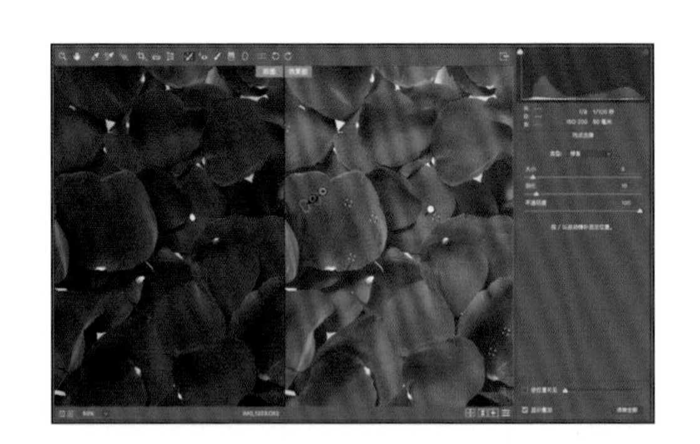

2. 建立快照

单击“快照”面板的图标，现在里面什么都没有。给这张照片建立一个快照，然后以此为“据点”，进行多种创意调整。单击“快照”面板右下方的“新建快照”按钮，就会弹出“新建快照”对话框，其中可以输入快照名称。此时我将其命名为“玫瑰 – 基本影调”，然后单击“确定”。和“预设”面板的界面相似，这里会出现一个快照。与预设不同的是，预设是存在 ACR 中的，打开任何照片都有，而这个快照是这张照片专属的。如果新打开一张照片，这里还是空的。

3. 继续调整

现在就可以切换到其他面板进行创意性调整了。比如使用“分离色调”对照片进行处理，让照片的效果更诡异。这里使用的参数是：高光色相、饱和度 59、69；平衡 -39；阴影色相、饱和度 237、98。

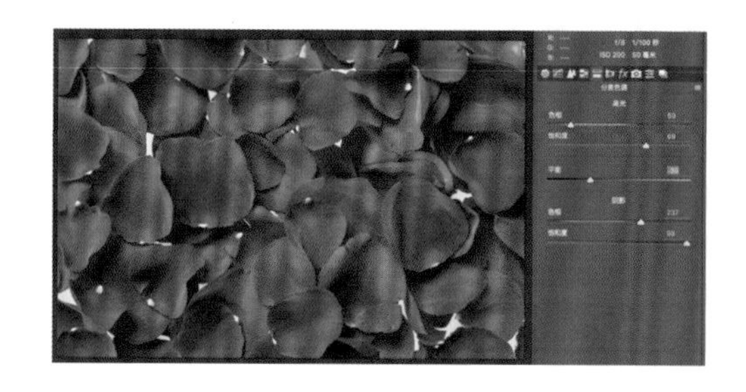

4. 为此效果建立快照

如果觉得这个效果不错，但是还想试试其他创意效果，那就可以为它建立快照，然后再回到“基本调整”，重新进行处理。此时再回到“快照”面板，重复 02 的步骤，建立第 2 个快照，将其命名为“玫瑰 - 分离色调”。

5. 从头开始

建立好这个快照以后，单击快照中的“玫瑰 - 基本影调”，就能穿越到刚才 01 步骤的调整效果，重新对照片进行调整了。现在切换到“HSL/ 灰度”面板，将照片转换为灰度，之后还通过“效果”“分离色调”等进行了多步处理。之后进入“快照”面板建立第 3 个快照，并将其命名为“玫瑰 - 单色效果”，此时我就拥有 2 种创意性效果了。

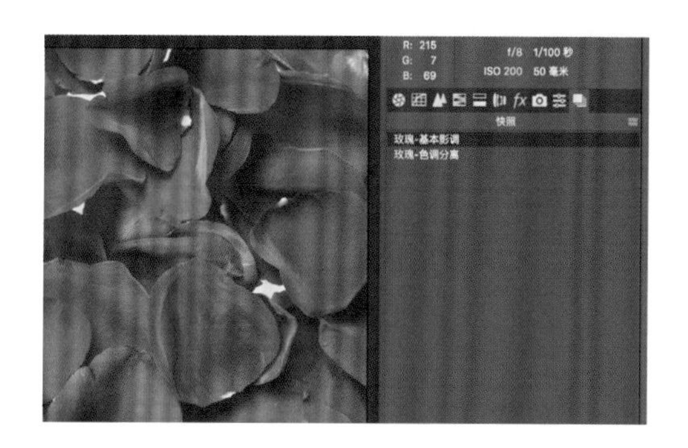

6. 切换效果

现在可以通过单击“快照”面板中的名称到达不同的调整步骤，不仅可以对比各种效果的区别，还能对效果进行进一步调整，或者继续处理不同版本的效果。可以通过“储存图像”直接保存该效果，或者用“打开图像”将该效果打开到 Photoshop 中进行进一步处理。值得一提的是，只要保留着“.XMP”文件，这些快照就会一直保存，也就是说，这张照片中保留着它专属的几套预设。

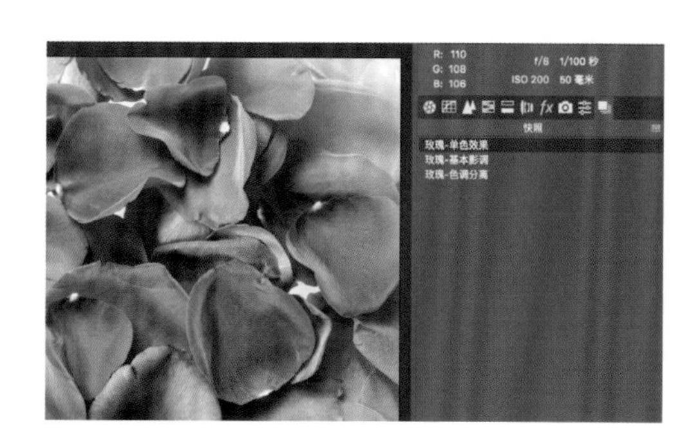

Leica
M7
R

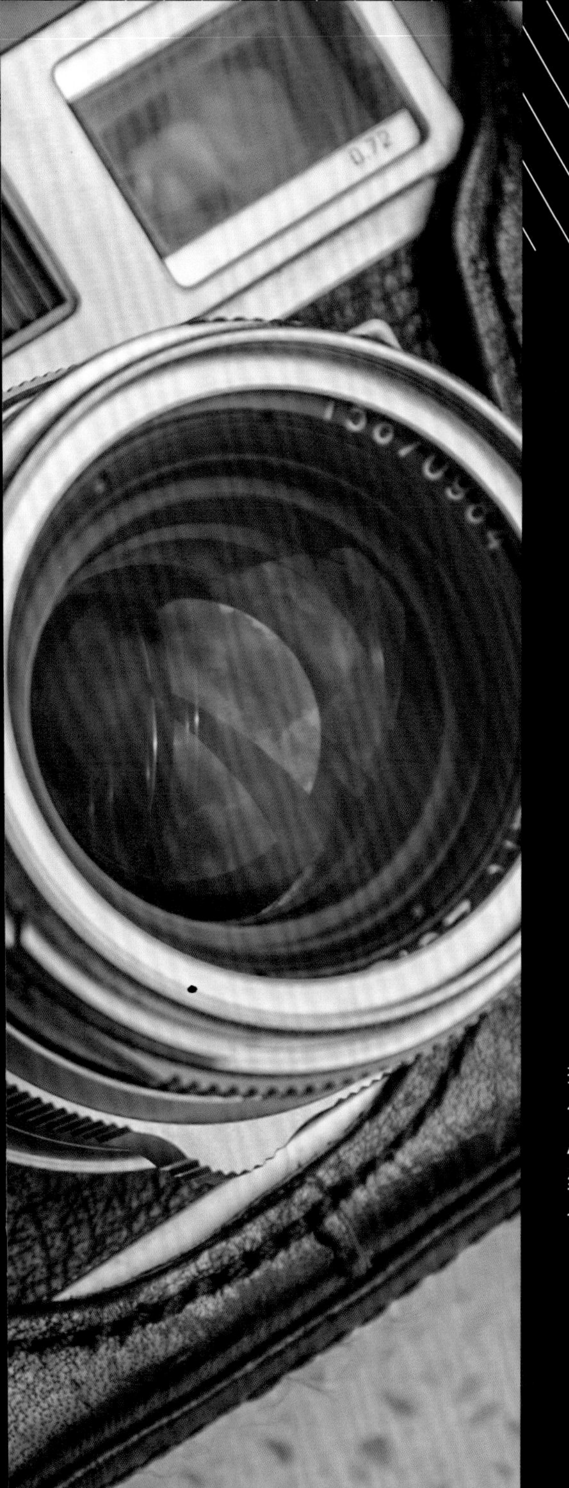

第13章

照片合成

多张照片拼合也能在 ACR 中完成！

在很多人的印象中，ACR 只是一个 Raw 转换的插件，拼接全景图、合成 HDR 这些“高级操作”还要依赖 Photoshop 甚至专门的软件。其实，ACR 早就成长为一款功能全面的软件，它可以不经过 Photoshop，直接进行 HDR 和全景照片的合成，操作简单而且效果很棒！

13.1 合并到 HDR

工具概述

名称：合并到 HDR
位置：ACR 界面左侧 Filmstrip 菜单内
功能：将多张照片合并为 dng 格式 HDR 文件
难度：★★☆☆☆

HDR 的中文意思是“高反差保留”。在光比很大——反差很高的场景下，相机无法同时记录下高光和阴影的细节，容易造成局部细节损失，而 HDR 技术是一种细节合成。可以在高反差场景下拍摄多张曝光成梯度的照片，分别记录阴影、高光和中间调的细节，然后在软件中将其合成，制造出一张细节丰富、曝光正确的照片。

曝光成梯度的照片最常见是拍摄 3 张，一张照片保留阴影细节（高光曝光过度），一张保留中间调细节（曝光中庸），一张则保留亮部细节（阴影曝光不足）。其实拍摄越多，记录的细节就越多，所以我习惯拍摄 5 张照片。

实际拍摄中，推荐使用光圈优先模式，然后配合曝光补偿进行拍摄，比如本例中，我用 A 挡和 f/8 的光圈，使用曝光补偿 +2、+1、0、-1、-2 拍摄了 5 张 Raw 格式照片，将它们作为 HDR 合成的素材。拍摄的时候需保持相机的位置不变，故一定要使用三脚架。HDR 多用在风光摄影中，而静物摄影、创意摄影等也都可以用上。这里以静物照片来做演示。

操作详解

1. 打开照片

首先找到拍摄的素材照片，然后将它们全选。可以用直接双击，或者将它们拖动到 Photoshop 图标上的方式将它们一起打开。这时候，在 ACR 界面右侧会出现原来打开单张照片时没有的“Filmstrip 栏”，这个区域是显示多张照片用的。可以单击其中一张照片进行处理，或者多选照片，对它们进行同步设置的批处理。

2. 合并到 HDR

使用快捷键 Ctrl + A/Command +A 或者直接在“Filmstrip”右侧调出的菜单中选择“全选”，选中所有照片。在“Filmstrip”右侧菜单中选择“合并到 HDR...”。如果电脑显卡或者其他配置不行，可能会出现“无法合成”的提示，那就要升级硬件了，因为这无法通过软件设置来弥补。如果可以合成，就会出现进度条，显示 Camera Raw 正在合并 HDR 预览。之后就会弹出个“HDR 合并预览”的界面。

3. 合并文件

这个界面上其实没有什么可调整的项目，因为大部分调整需要待会儿在 ACR 中进行。勾选“对齐图像”和“自动色调”，如果相机在拍摄中有轻微移动，前者可以进行对齐；后者的作用是自动调整影调。下面还有“消除重影”选项，此时我选择“关”，然后单击界面右上角的“合并…”，在弹出的“合并结果”储存的对话框中，将它储存在合适位置并命名，之后单击“储存”完成 HDR 合成操作。

4. 影调调整

单击“储存”后，会发现这张照片已经出现在 ACR 界面的“Filmstrip”中，而且这是一张 dng 格式的照片，也就是 Adobe 的 Raw 格式文件。现在这张照片拥有之前 5 张照片的动态范围。可以按照自己的习惯，在 ACR 中对它进行影调调整了。此时放大照片，可以看到高光、阴影的细节保留非常出色。

小提示

1. 消除重影

相机不动，但画面中有移动物体的时候，这个选项就有用了。当几张照片中出现了移动物体，“消除重影”可以通过计算，把这些物体抹除。勾选“显示叠加”可以查看画面中被处理的区域，该区域会以后面颜色框中的颜色显示，这个颜色可以通过单击颜色框来设置。不过这里无法设置消除区域，只能设置消除的程度：关，以及从低到高。由于本次合成中没有出现重影，故这里无需更改，当拍摄的是风光照片时，可能需要调整程度。如果还会出现合成错误，那也只能确定，并通过 Photoshop 的高级修补功能进行调整了。

2. 模拟 HDR 效果

如果没有拍摄多张作品，也可以将一张照片制作成模拟 HDR 的效果，比如在“基本”面板中将“黑色”和“阴影”提高，降低“高光”和“白色”，让细节更加丰富。不过这样的效果远没有多张合成的“真 HDR”好。

13.2 全景图合成

工具概述

名称：合并到全景图
位置：ACR 界面 Filmstrip 栏内
功能：将多张照片合并为 DNG 格式全景照片文件
难度：★★☆☆☆

全景照片能表现宽阔的场景和宏大的气势，在前期拍摄的时候需要多注意，才能在后期合成得到好的效果。除了后期处理，还要介绍拍摄全景照片的要领。

ACR 中的“全景图”其实是“多张拼合”的意思，就是将最少两张内容有交集的照片拼合成一张大图，并将其导出为 DNG 格式的文件。这个技术主要应用于全景照片，故 ACR 直接使用了“全景图”这个名字。

首先来说说全景图的拍摄，拍摄的张数可根据需求设定，焦段也没有硬性要求，新手可以选择 35~50mm 焦段，并使用三脚架拍摄。首先要保证照片的曝光参数和对焦一致，可以使用 M 挡手动曝光和手动对焦的方式。然后通过旋转云台来拍摄照片，每张照片和上一张都要有 1/2 ～ 1/3 部分重叠，这样能保证合成效果更真实。只要拍摄得当，合成后效果会非常自然。

操作详解

1. 合并照片

建议将全景合成的 Raw 格式文件放在一个单独文件夹内，然后再进行合成，这样在之后的操作中不容易搞混。我选择了 5 张照片，将它们全选之后，拖动到 Photoshop 的图标上进行打开。此时照片就会在 ACR 中打开，并在左侧的 Filmstrip 栏中显示。使用快捷键 Ctrl+A 或 Command+A 全选这些照片，然后单击“Filmstrip”字样右侧的菜单按钮，在其中选择“合并到全景图”。

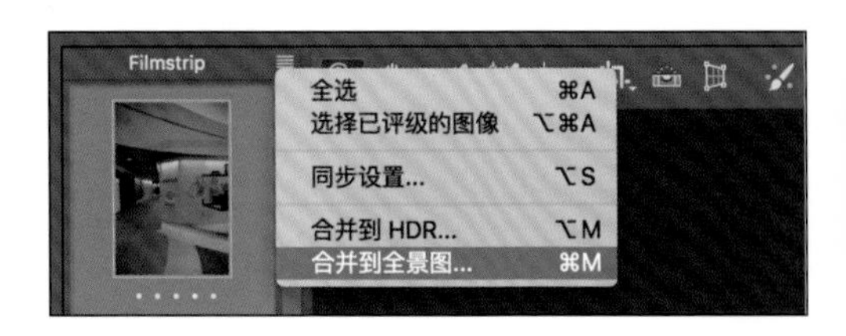

2. 合并选项

这时 ACR 会显示进度条，如果电脑内存不足，或者是显卡不行，抑或是照片拍摄不好无法识别，这里都会显示无法合成。合成界面的选项很少，有“投影”和“选项”2 个区域，“投影”是合并的模式，没有一定之规，完全可以忽略它们的名称，直接点选看看哪种比较好即可。

投影
球面
圆柱
透视

3. 设置选项

ACR 9.4 以上版本中，全景图合成的功能得到很好的升级。“自动剪裁”和以前版本一样，全景合成会导致画面边缘不再水平、竖直，照片会有所扭曲，这时候如果勾选“自动剪裁”，ACR 会将不规则边缘裁掉，这一步可以在之后来做，因此不推荐勾选。

而升级后的“边界变形”功能则非常酷炫，简单说就是将不规则的边缘拉直，这样无需剪裁就能得到横平竖直的边缘，而不会造成像素损失。当把这个数值调整到 100 后，画面会向画框边缘自适应。

4. 储存并调整

当调整满意后，单击界面右上角的“合并…”，然后在弹出的对话框中选择“储存”。这时候在打开照片的文件夹下就会有一张合并好的 .DNG 格式（Adobe 公司的 Raw 格式）全景照片了，同时它会出现在 Filmstrip 栏里。此时可以利用 ACR 的所有面板、滤镜和工具对照片进行调整。

最后

ACR 的功能介绍完了，随着软件的更新，还会有更多优秀的功能涌现。扫描二维码关注我的微信公众号摄影修行，其中还有很多 ACR 实例应用的文章，我也会持续更新新功能介绍，以及更多摄影、后期处理知识。

第 14 章

Adobe Camera Raw 综合应用实例

14.1 让曝光更完美

完善画面曝光，后期处理基本功一定要扎实

调整曝光，是后期处理的基本功，而曝光的调整还伴随着色彩强度、色调的微调。之前我们讲解了很多功能，这里我们把这些功能结合起来使用，对照片的整体和局部曝光进行综合调整。在拍摄风光的时候，我们经常会遇到这种情况：大光比。此时正好赶上日出，阳光从布达拉宫的侧逆方向照射过来，建筑处于暗处，但是天空很亮，此时我们需要借助基本面版、HSL/灰度面板和滤镜对照片进行曝光和颜色表现调整。

原始图片

处理后效果

1. 观察照片

首先在 Photoshop 中打开一张 RAW 格式照片，此时 ACR 会自动弹出，我们首先观察一下照片，打开直方图上的曝光修剪警告功能，可以看到画面右侧有过曝区域，照片属于侧逆光，前景较暗，接下来我们就先来修正这个问题。

2. 基本面板

首先我们在“基本面版”中调整色调、曝光和饱和度的参数。照片色温基本没有问题，故我并没有懂色温参数，主要调整了曝光。我使用了 –0.65 的曝光来压暗天空，减少过曝区域；对比度 +18 让画面更加通透；阴影和黑色均为 +90 来提亮前景的布达拉宫。然后我还将清晰度提升到 +19，让画面更加通透，边缘更清晰；自然饱和度 +28 来增强色彩。

3. 剪裁照片

由于 ACR 的操作都是无损的，所以我调整了曝光之后，再进行剪裁。这里处理照片并不需要太强的逻辑顺序，只要你心中有数即可。选择剪裁工具，然后在图片上单击鼠标右键，调出设置菜单，将比例设置为“2:3”。

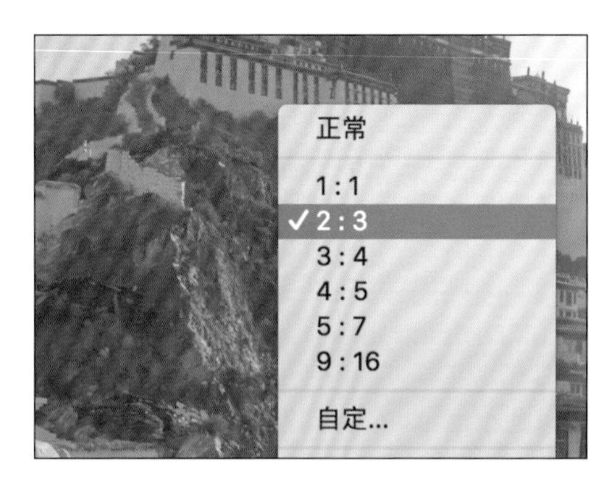

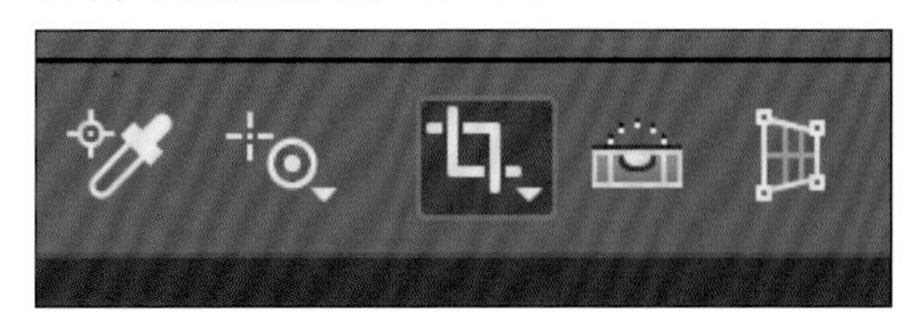

然后按住鼠标左键拖动，来建立剪裁框，在框外鼠标变成双箭头时，按住鼠标左键拖动可以更改剪裁框角度，此时根据你的需求进行剪裁和角度调整。

4. 调整单独色彩表现

除了基本面板的全面调整，ACR 还提供了针对单独色彩的调整，这些调整位于“HSL/ 灰度面板”中。点开该面板，先选择“明亮度”子面板。我使用了橙色 +18、黄色 -18、绿色 +19、蓝色 -18 的参数，来压暗天空，提亮画面下方的草坪。

接着我我选择“饱和度”子面板，使用红色 +21、橙色 +28、黄色 -17、蓝色 +25 的参数，来增强和减弱相应颜色在画面中的饱和度。这里的调节非常主观，你可以根据自己的喜好进行调节，没有一定之规。

5. 渐变滤镜

刚才我在第四步中，按照颜色对照片进行了局部调整，现在我们再通过渐变滤镜，按照区域对照片进行调整（什么是渐变滤镜？请看文章最后的知识点链接）。点击“渐变滤镜”按钮，然后从下往上建立一个滤镜，覆盖地面部分，这个滤镜，我使用色温 +20、清晰度 +28 和 -9 的饱和度，来校正地面色彩偏蓝，同时让画面更加清晰，之后我放大画面观察，有增加了 +55 的锐化。

紧接着，我点击面板上方的“新建”，建立第二个渐变滤镜，此时的方向是从上至下。

这个滤镜就是来调整天空的了！我使用的参数是：色温 -10、曝光 -0.35、清晰度 -16 和饱和度 +16，以此让天空颜色更蓝，亮度更暗。

6. 调整滤镜范围

此时你会发现，虽然上面滤镜让天空更蓝，但是布达拉宫顶部也受到了滤镜影响，所以此时点击“画笔”，并勾选“自动蒙版”和面板最下方的“蒙版”选项。在画笔下方选择带有“-”号的消除画笔，根据仔细需求调整画笔大小。

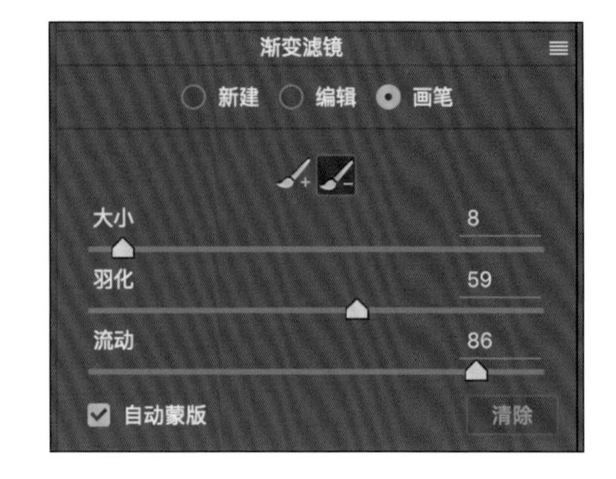

此时在建筑物上涂抹，可以看到绿色区域为滤镜作用范围区域，而建筑物区域被擦除还原，不受滤镜的影响。这是 ACR 里非常高级的蒙版区域控制操作。

7. 观察和保存

现在点击“放大镜”等前排工具，可以切换到常规面板栏，滤镜的叠加和蒙版都会消失，以便你更清晰查看画面。

点击下方的“Y”可以对比操作前后的照片效果，连续点击可以切换对比模式，以及回到单图模式。

现在我们看到，照片和原始图片相比，色彩表现更为出色。如果你喜欢可以继续提亮前景，但是这里我为了保证画面自然，我认为这样比较合适。

现在就可以点击 ACR 界面左下角的“储存图像 ...”来保存照片。这张照片的阶段性处理就完成了！为何说“阶段性”处理？因为 ACR 还有很多功能，处理一张照片也有无数种方法哦！

14.2 制作复古偏色效果

曲线制造创意偏色，灵动的工具需要灵活的头脑

Adobe Camera Raw 里的曲线是一种非常灵动的工具，它可以调整照片的亮度和色调，各种复古怀旧、小清新和重口味的偏色效果都是曲线工具的功劳。比如对于这张照片，如果一味去校正天空的高光，照片会显得很平淡，而添加一些偏色会让照片更有感觉。

原始图片

处理后效果

1. 基本调整

打开照片，这是一张低角度拍摄的人像作品，照片人物后面的天空过曝，但是要制作复古的效果，这些过曝没有什么关系，所以我关闭了过曝提示。首先进入基本面板，调整一些参数。

我使用的参数是曝光 +0.4、阴影和黑色 +50、白色 -30、清晰度 -8、自然饱和度 +25，用来提亮暗部，让皮肤更柔滑，同时增强色彩表现。

2. 点曲线调整

进入“曲线面板”，然后进入“点”子面板，然后点击曲线建立坐标点，通过拖拽的方式来更改曲线的形态。这里我们建立这样一个曲线，其作用是让最暗部变亮一些，这种操作可以让照片看上去不如此“数码”。

3. 通道曲线调整

点击“点”子面板中的“通道”选项，在其中可以看到红、绿、蓝 3 种通道。首先我选择了“红色”，然后制造一个轻微的反“S”形曲线，这样可以让亮部偏青、暗部偏红。

接下来再选择“蓝色”通道，使用 3 个坐标点制作如下图的强烈反“S”曲线，这样可以让画面的亮部强烈偏黄，而暗部轻微偏蓝。曲线的使用需要很多主观操作，你需要多多练习，才能培养出“通过曲线的弧度来控制色调强度”的感觉。

4. 制作亮角

很多人都觉得暗角复古，其实真正的老照片大多都拥有四周发白的“亮角”。进入标志为 fx 的“效果面板”，在这里，我们可以通过“剪裁后晕影”来制造照片四周变亮的效果。我将参数设置为：数量 +10、中点 25、圆度 +15，羽化则保持 50 默认值。因为画面已经很亮，所以我只要制造轻微的亮角即可。

5. 最终调整

最后，我认为照片还不够亮，所以回到“基本面版”中，将曝光提升到 +0.5，然后储存图像，本次操作结束。

小提示

效果多元化

曲线工具除了制造这种略微重口味的复古效果，你还可以调整更加清淡的效果！这一切都取决于你的想法，甚至是调整图片的心情。这种高度主管的工具允许你非常自由地调整照片亮部、暗部的色调，并进行色调混合，制造属于你自己的效果。

比如这张照片，你也可以制造比较清淡的效果，例如暗部偏蓝、亮部偏品红，不过我更喜欢这种金黄的感觉。所以曲线是一个很需要经验的工具，多用才能收发自如。

14.3 经典隽永的黑白风光

专业水准的黑白照，让你的单色作品有经典风范

照片太平淡？也许你第一个想法就是变成黑白试试看，有时会有奇效哦！这里我主要通过 HSL/ 灰度面板，配合其他工具来制作黑白风光照。有些彩色的照片经常让人“不忍直视”，比如这张，在彩色状态下，它因为静物层次不佳、天空没有细节而没法看。此时如果直接压暗天空照片会极为不自然，但是转换为黑白后再压暗天空就不一样了，天空的戏剧性细节配合地面的层次，让照片极具视觉冲击力。

原始图片

处理后效果

1. 观察照片

也许你认为“观察”就是打开照片，然后观看。其实观察照片还有更多方面。这张照片的天空很无趣，所以我先讲曝光调整到 -3.0，来观察相机是否记录了云层的细节。这样在处理的时候我就可以心里有底！在观察过后，将曝光调整为 0，我现在“基本面版”中调整照片的影调。

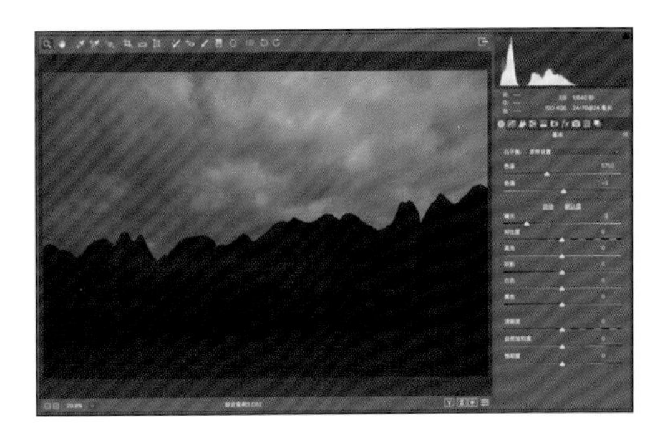

2. 影调调整

接下来，我在基本面板中调整参数，来优化照片的明暗表现，让照片的曝光更符合我的审美和要求。我使用了 -0.9 的曝光来压暗画面整体的亮度，我还将高光和白色都下调至 -50，进一步压暗了亮部的天空。然后，我将阴影和黑色都调整为 +60 以提亮前景。并使用 +35 的清晰度数值，使画面看上去更通透。

3. 剪裁照片

为什么剪裁放在影调调整之后？这是因为我不知道该留多少天空好，所以先把天空的细节显示出来，然后再剪裁。在 ACR 中，剪裁是可以反复进行的，照片的信息不会损失。

✓正常
1:1
2:3
3:4
4:5
5:7
9:16
自定...
✓限制为与图像相关
✓显示叠加
清除裁剪
设置为原始裁剪

选择剪裁工具，然后在画面上点击鼠标右键，调出剪裁菜单，在其中选择“正常”，也就是不固定比例。然后我选择了这样一个偏宽幅的横向构图。

4. 渐变滤镜

为了在黑白转换环节，让照片效果更加惊艳、夸张，我还要进一步压暗天空。选择渐变滤镜，然后从照片顶部到山峦，建立一个滤镜。将参数设置为：曝光 -1.5、对比度 +50、清晰度 +20 突出天空。

5. 黑白转换

点击左上角的放大镜工具，就可以从渐变滤镜面板切换到常规面板，在其中选择“HSL/ 灰度面板”，然后勾选“转换为灰度”选项。

此时我们有 8 个选项来调整画面中不同区域的明暗效果。我将黄色和绿色提升到 +80、+25 来提高山峦和前景河水的亮度，然后讲蓝色设置为 -100 来压暗天空。

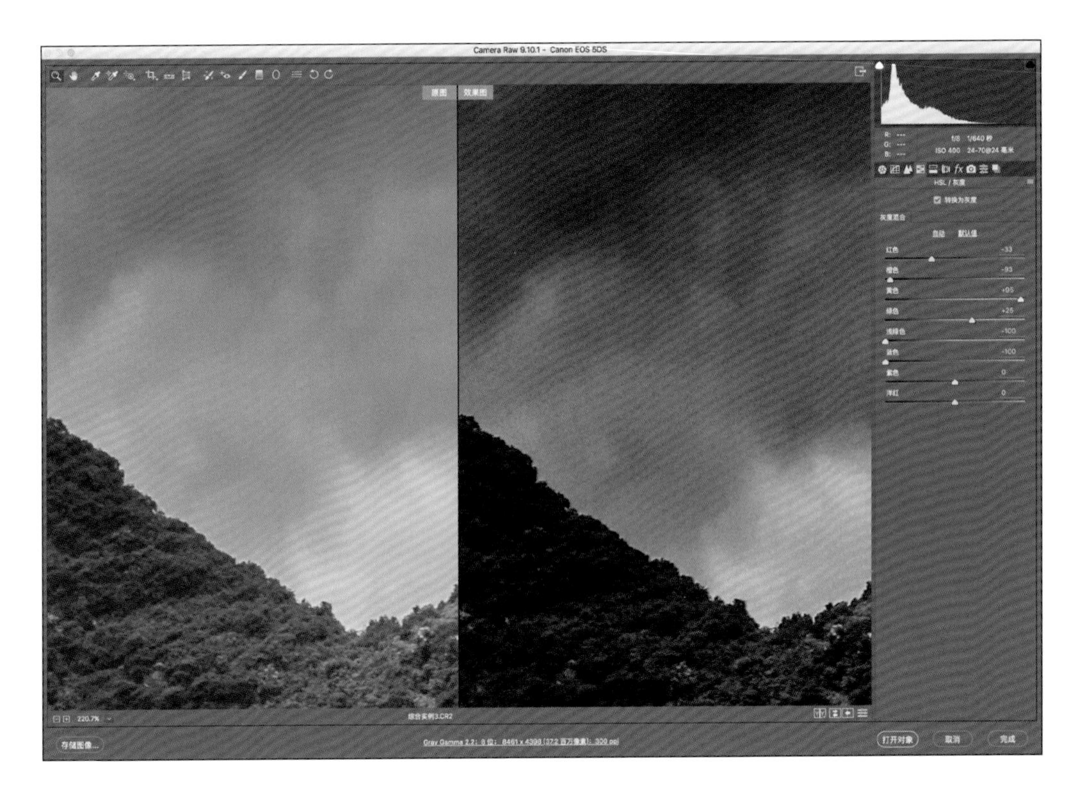

小提示

点击“转换为灰度”后，照片只是去色，画面会比较灰暗，原来色彩对比的震撼无法表现，但是我们拥有 8 个滑块，调整参数可以调节每种颜色的明暗，让单色的明暗反差更加突出。

但是要注意，如果数值过大，可能导致画质下降！此时我把画面放大到 100%，查看压暗的地方是否有颗粒等不自然的现象，如果出现了过度区域分层、颗粒明显等问题，就要降低调整的幅度。

6. 参数再调整

现在我得到了一张还不错的照片，但是对比度不够高。所以我回到“基本面版”，将对比度的数值大幅度地调整为 +50，让照片看上去充满戏剧性。

此时的天空很精彩，而下面的河水很平淡，所以我重新打开剪裁工具，这时候界面会出现原图的所有信息，你可以重新剪裁，我将剪裁框向上移动，增加了天空的面积，压缩的河水在照片中的比例。最后按照你的需求保存照片。

最终效果

小提示

再调整

在处理的时候，返回头重新调整某个参数很正常。这时候你必须对每个参数的作用都有所了解，才知道该回去调整哪一个参数！就如同你在吃麻辣香锅的时候，要清晰知道是忘了放盐，还是麻椒放少了。不同于麻辣香锅，ACR 的所有操作都是无损的，你调整过度了？调回来就可以。就相当于你有一锅可以回到生鲜食材的菜，可以反复尝试不同做法（抱歉我饿了……）！总之，多多阅读我之前的功能介绍，并且多多练习吧！

14.4 一张照片得到仿 HDR 作品

模拟 HDR 的生动细节，一张照片也能制作高动态范围效果

本次我们使用一张 JPEG 文件，将它在 ACR 中打开，并处理成仿照 HDR（高动态范围保留）的效果。HDR 一般用于静态照片，因为它需要多张合成，不过通过 ACR 中丰富的滑块，我们可以在一些细节保留足够的照片上模拟出这样的效果。HDR 照片相比于直接拍摄的照片，会包含更多的高光和阴影细节，而且色彩比较饱和。

原始图片

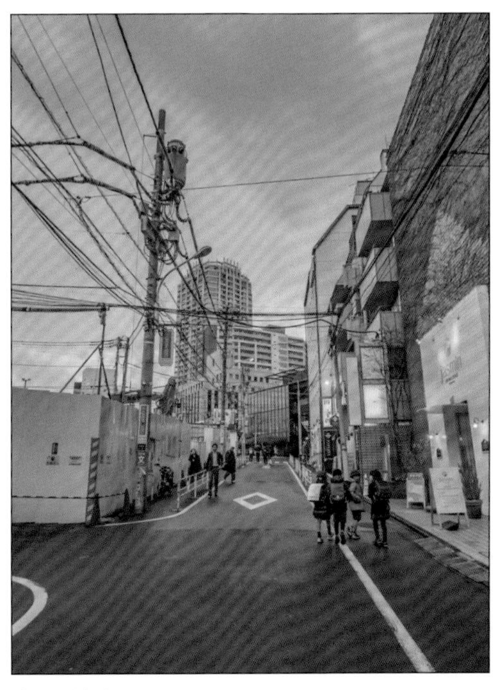

处理后效果

ACR 处理 JPEG

Adobe Camera Raw 是 Photoshop 专门用来转换和处理 Raw 格式的插件，但是你也可以使用它处理 JPEG 和 TIFF 文件，只需要设置一下即可。不过请注意，虽然形式一样，但是 JPEG 的处理空间依然没有 Raw 格式文件大，仅仅是形式一样。这样的好处是让很多操作变得非常简明易懂，比如今天我们来制作的“山寨 HDR”效果。

要让 ACR 打开 JPEG 照片很简单，使用“首选项”设置一下就好，“首选项”是软件的一些初始设置，有很多种方法可以打开，你可以在之前关于首选项的文章中阅读如何设置。

详细操作

1. 打开 JPEG 文件

根据上面的方法，在 ACR 的首选项中设置，然后使用 Photoshop 打开 JPEG 文件，ACR 会自动弹出。这时候你会发现李逵和李鬼之间还是有区别的，比如 JPEG 文件打开时，色温和色调都是“0”，而不是实际色温值，而且你的色彩空间也是受限的，无法像 Raw 文件那样自由转换。不过总之，我们用 ACR 打开了 JPEG 文件。

2. 基本调整

要制作一张类似 HDR 的效果，主要就是进行基本的影调调整，阵地自然就是“基本面版”，而且参数调整非常之大！要制造高反差保留的效果会对 JPEG 的画质有所损害，但是整体效果还比较“唬人”。

我将曝光调整到 +0.8，大幅度提升亮度。然后将下面 4 个关键参数设置为：高光 -100、阴影 +100、白色 -100、黑色 +100，这样可以让暗部变亮，亮部变暗，制造一种假的“高宽容度”感觉。之后我还将清晰度调整到 +64，让画面更加通透，将自然饱和度提升到 +57，增强画面色彩。

3. 去除薄雾

虽然照片拍摄时并无雾霾，但是适当增加这个参数能让画面看上去更加戏剧化，进入“效果面板”，然后将这个选项的参数调整为 20。

4. 分离色调

接下来打开“分离色调”面板，对照片高光和阴影的色调进行分别修饰。我将高光的色相调整为 207，并将饱和度调整到 5，让高光稍微偏蓝；再将阴影调整为 69，饱和度为 10，阴影就会呈现出稍微偏绿的效果。

5. 降噪处理

这样处理的照片，因为经过了暗部强烈提亮、亮部大力度减暗、清晰度和去薄雾效果，所以会出现很多颗粒，造成画质下降，所以这里我的最后一步就是减少杂色。首先将照片的视图调整为 100%，一遍仔细观察降噪效果。

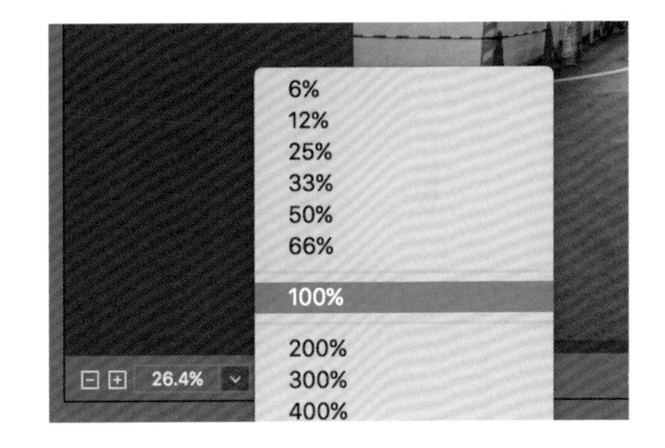

然后进入“细节面板”，调整减少杂色中的参数：明亮度 20、明亮度细节 50、颜色 25、颜色细节 50、颜色平滑度 50。这样我觉得画质会有所提升。最后保存文件，大功告成。

14.5 细节调整造就精细画质

严谨锐化与降噪，科学有效地提升画质

这次我来讲的知识“效果”并不太明显，但是我们都非常需要：降噪和锐化操作。这两样操作都在 ACR 的“细节面板”中，所以我放在一起来讲。看似不起眼的锐化和降噪其实对画质的影响极大！锐化就是提升照片的锐度，好处是让边缘反差更大、影像整体变得锐利、照片更加清晰通透。而降噪则可以去除照片上的噪点颗粒，并消除假色，让图像更细腻，照片画质明显提升。这两项操作都可以潜移默化提升画质，让照片变得更加专业。

1. 放大观察

在进行降噪、锐化处理的时候，一定要把照片放大，放大到原图级别，也就是 100% 或者以上！

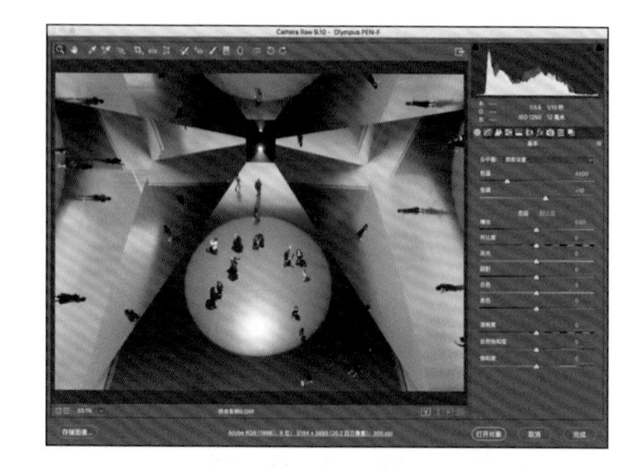

首先，我们打开这张照片，它是使用感光度 ISO 1250 拍摄的，虽然不算高，但是依然有画质下降的问题。

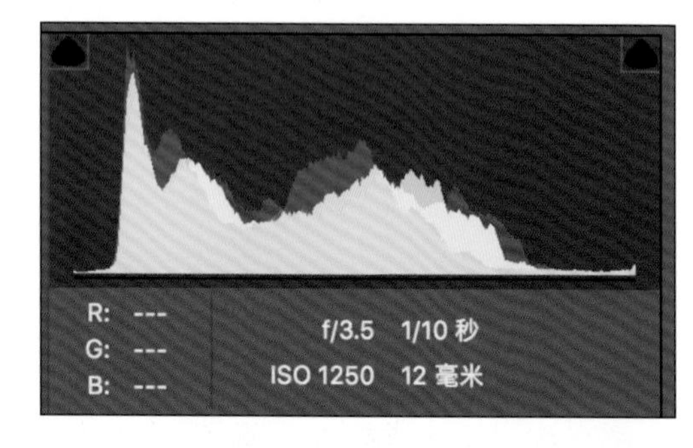

我将照片放大到 200%，可以看到明显的噪点，以及锐度不加的问题，一会我们将对其进行处理。

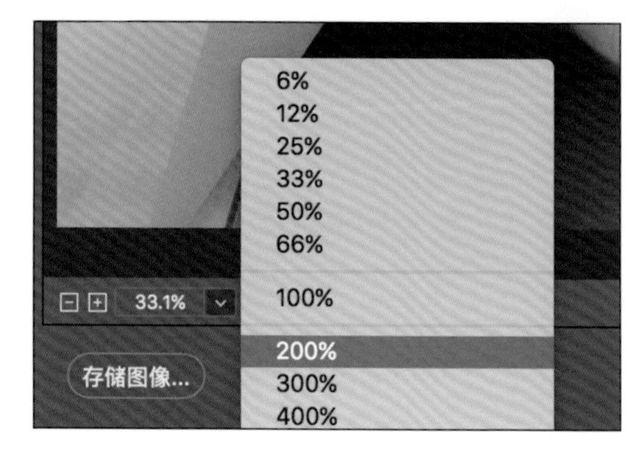

2. 降噪处理

我习惯的操作顺序是先降噪，再锐化。进入细节面板，在下面的“减少杂色”中，将“明亮度”设置到 40。这个滑块是控制亮度噪点表现的，亮度噪点就是照片中的颗粒感。

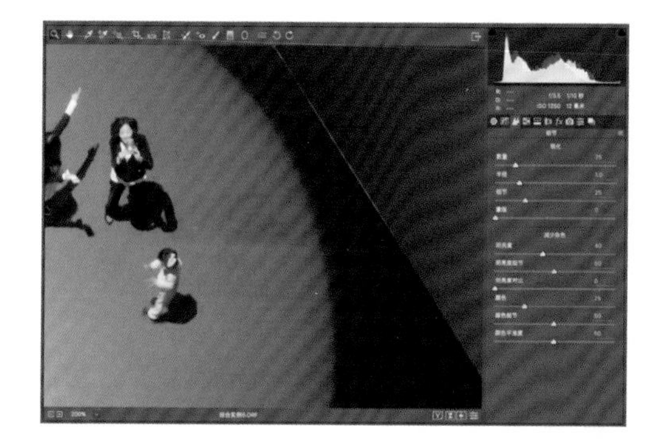

通过 200% 截图对比观察，左侧是原图，右侧是降噪后的效果，可以看到地面部分降噪效果非常明显，但是画面整体的锐度也会变弱，所以接下来就要考试锐化操作。

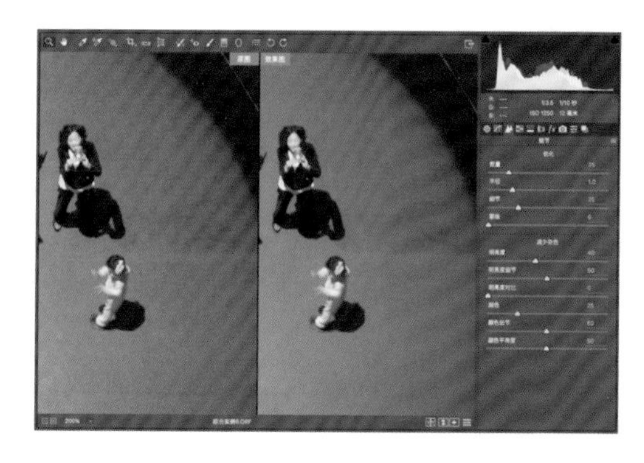

3. 区域性锐化

ACR 的锐化功能非常强大！通过滑块可以进行区域性锐化。首先我将锐化设置为 60，此时锐度提升明显，但是那些阴魂不散的噪点又回来了！这是因为锐化过程会突出对比，让本来已经降噪的趋于画质又降低了。

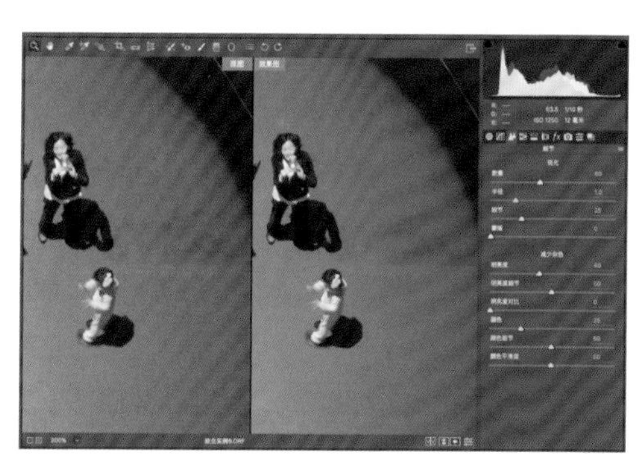

所以我们需要划定趋于，让锐化效果仅限于边缘，而不是全部画面。此时要先将视图设置为“符合视图大小”。

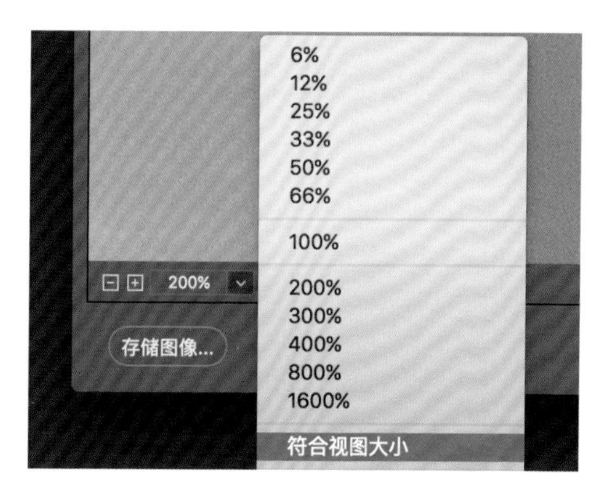

之后的操作很关键！！！鼠标左键按住“锐化”的“蒙版”滑块，同时按住 Alt 键，此时“蒙版”的数值是 0。这时候画面会完全变白。此时的白色说明画面所有区域都是锐化作用范围。

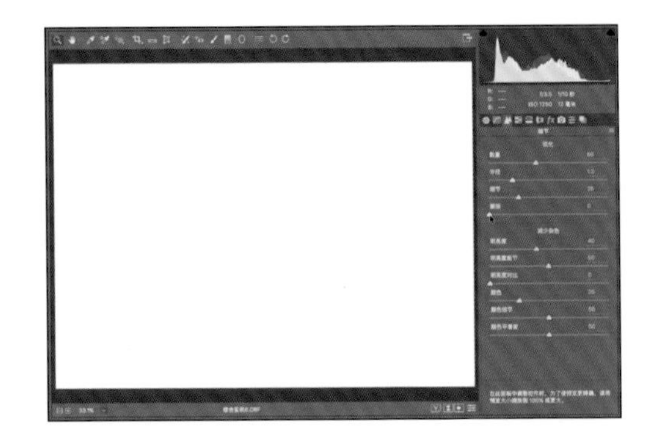

随着将滑块往右拖动，画面上会出现黑色区域，黑色区域代表此处不会受到锐化效果干扰，此时锐化的区域仅仅作用在白色区域，而黑色区域不会被锐化。将数值设置为 55，效果正好。

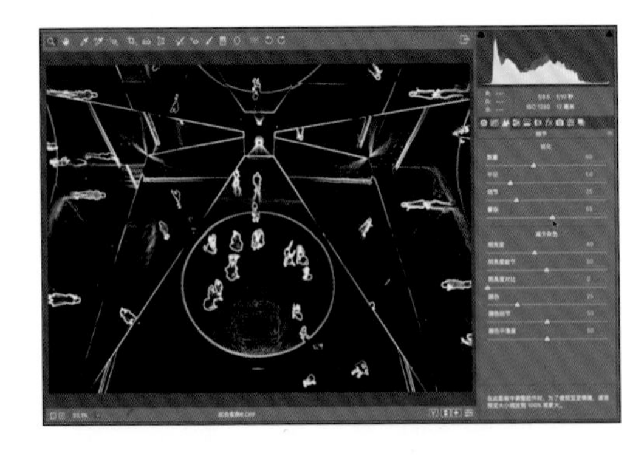

4. 查看效果

这时候将照片再放大到 200%，就可以看到人物（上图白色区域）的锐度提升上去了，但是地面区域（上图黑色区域）的降噪效果明显，没有收到锐化的影响。

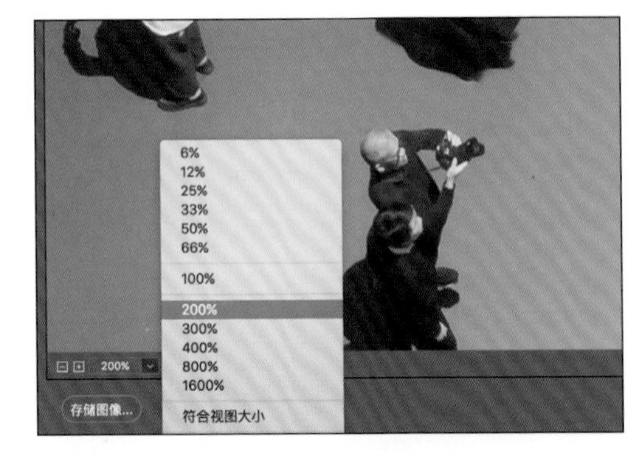

5. 创意处理

接下来我又进行了更多的创意处理，通过“基本”“分离色调”和“HSL/ 灰度”将照片去色，并加入一些偏色，处理成以下效果。因为之前文章中都有介绍，这里就不累述了。

14.6 局部处理改变季节

制作一叶知秋，局部更改画面效果制造创意

我曾经介绍过，从处理区域来划分，后期修图主要包括整体调整和局部处理，在大多数情况下，后者的成功与否更有技术含量。今天我们就来做一个局部处理的例子。当我们拍摄一些小品的时候，希望照片更有看点，对比更加明显。比如绿色苔藓上的一片红叶，鲜明的颜色和质感对比能让照片看上去更有戏剧性。

处理后效果

原始图片

右图为原图，左图为处理后。我们通过局部处理，来改变某些区域的表现，从而让照片变得更有趣味。你无须使用 Photoshop 中复杂的蒙版和各种调整图层，用 ACR 就可以制造出这样的效果！

详细操作

1. 基础调整

首先我发现照片曝光不足，而且色彩表现不佳，所以先对照片进行全局调整。选择基本面版，然后使用参数曝光 +1.6、对比度 −14、自然饱和度 +41、饱和度 +20，让照片更加鲜亮。

2. 粗选树叶

选择界面左上方工具栏内的调整画笔，然后在其中设置参数：色温 +100、色调 +100、曝光 −1.7、清晰度 +78、饱和度 +53。

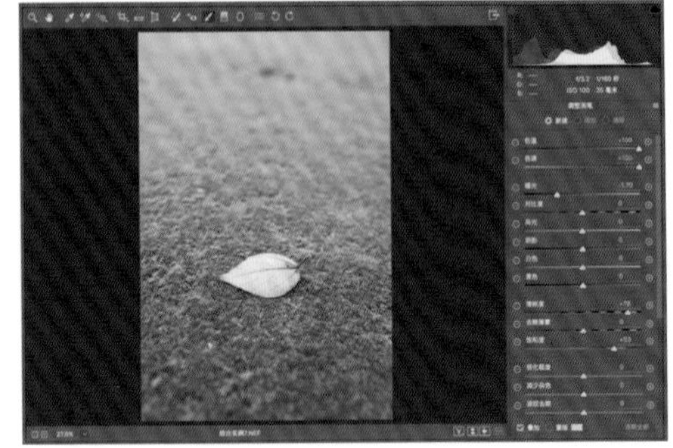

接下来点击设置下面的颜色，在弹出的拾色器中选择红色。

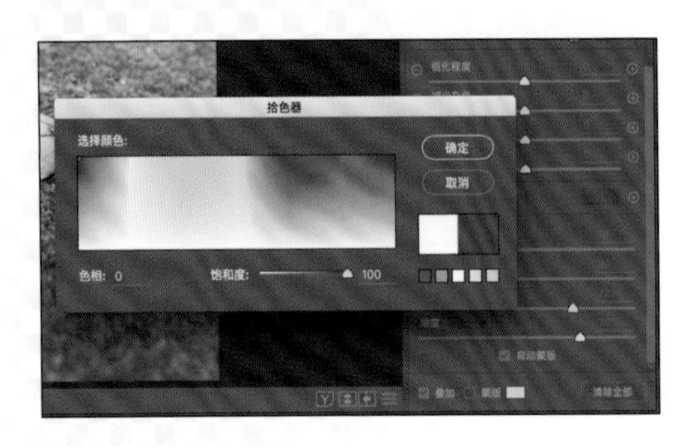

现在设置画笔，将画笔大小设置为 6，羽化为 69，流动和浓度分别是 86 和 71，先不勾选“自动蒙版”。

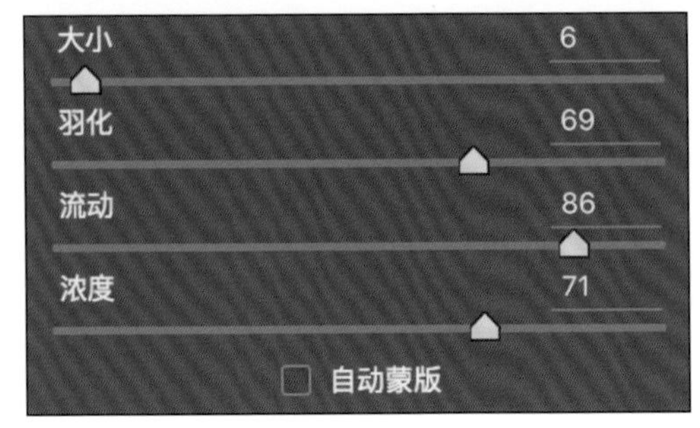

现在将画面放大到 100%，然后在树叶上进行涂抹，由于设置了很极端的参数，所以涂抹的地方就会出现这样的红色调。此时我们只是粗略涂抹，叶柄上没有效果，且会有涂出去的区域，让外面绿色的苔藓也出现红色调。

如果这一步你已经晕乎了，请看本文最后的知识链接，里面有我之前的文章，其中详细讲述了本文中涉及的所有工具。

3. 细致调整

接下来我要细致调整红色作用的区域了。首先勾选“自动蒙版”选项，其他参数不变，然后对叶柄进行涂抹。“自动蒙版”会区分调整区域，从而让周围的苔藓不被选中。

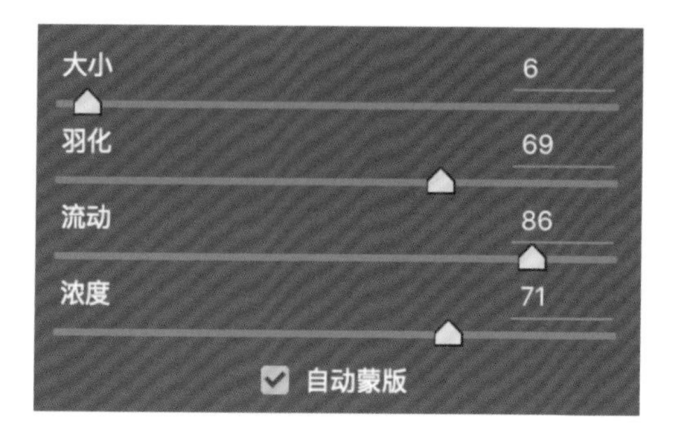

现在我们要清除叶子周围多涂抹的区域。所以在调整画笔最上方的模式中选择“清除”，这样画笔就变成了橡皮。

保持画笔设置不变，沿着叶子的边缘涂抹，擦除本来收到蒙版作用的苔藓区域，近让叶子处于画笔的作用范围，使得效果更加逼真。

4. 夸张效果

此时的叶子效果比较自然，现在我可以让它变得更加火红，让戏剧化效果更进一步。切换回基础面板（点击工具栏的放大镜或者抓手图标，都能达到这个效果），然后选择“HSL/灰度”面板，选择“色相”子面板，在其中将“橙色”调整为 -52，叶子会变得更加火红。

5. 剪裁照片

现在叶子已经处理好，现在我突然觉得构图不够好，于是使用剪裁工具对照片进行剪裁，最终达到我想要的效果。

最终效果如图所示。

处理后效果

14.7 人物皮肤精细处理

人物皮肤柔滑，制作精细柔化的肤质效果

在拍摄人像的时候，我们会遇到很多烦人的事儿：脸上有瑕疵、光线不均匀、生硬阴影、眼睛没神等。ACR 虽然只有一个界面，但是已经可以对人像进行非常精细的修补了，虽然不能进行磨皮等图层级操作，但是用好了依然厉害哦！而且，操作真的比 PS 要简便（注意，不是简单）很多！下面我将向大家展示我处理这张照片的方法。

这是一张在车展上拍摄的模特照片，由于光线和模特化妆问题，会出现油亮的反光和生硬的阴影问题。

原始图片

处理后效果

详细操作

1. 基础调整

打开照片，ACR自动弹出。将照片放大到100%，将视图挪动到眼睛的位置。选择白平衡习惯工具，在眼白处点击，校准照片的白平衡。

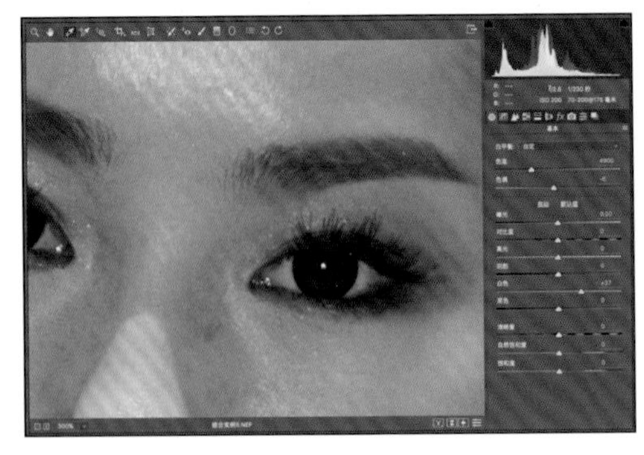

然后在基本面板中设置参数，让照片的曝光更加精准，此时由于白平衡习惯，色温和色调已经变成了+5和+2（JPEG文件无法显示色温，所以初始状态的数值是0），我将其他参数调整为曝光+0.5、对比度-11、阴影+26、黑色+44。

这时候的照片亮度提升，且头发、眼睛等暗部细节也更加清晰了。

2. 修复皮肤瑕疵

将视图画面放大到50%或者更大，选择左上方工具栏中的污点去除画笔，然后将大小调整为5、羽化33、不透明度100，在人物皮肤的下次位置进行点选，来去除斑点等。

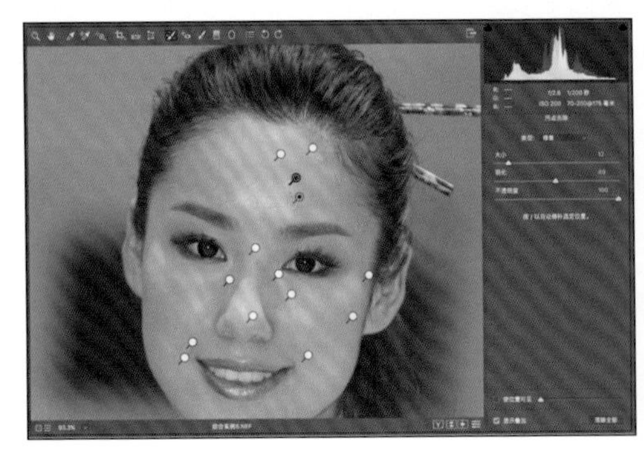

期间可以通过勾选和取消“显示叠加”来去掉圆圈显示，查看修复的效果，并及时进行调整。

对于嘴唇上的高光这些比较难以去除的地方，需要特别仔细，随时通过快捷键 [和] 更改工具的半径，让处理区域更加精准。

处理好之后，人物脸上的斑点和嘴唇、下巴的高光得到了较好的处理。

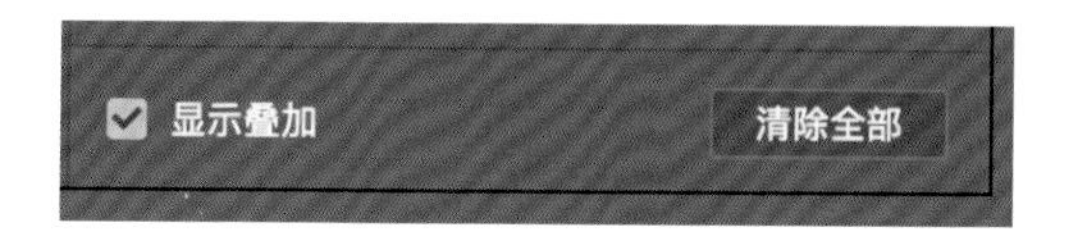

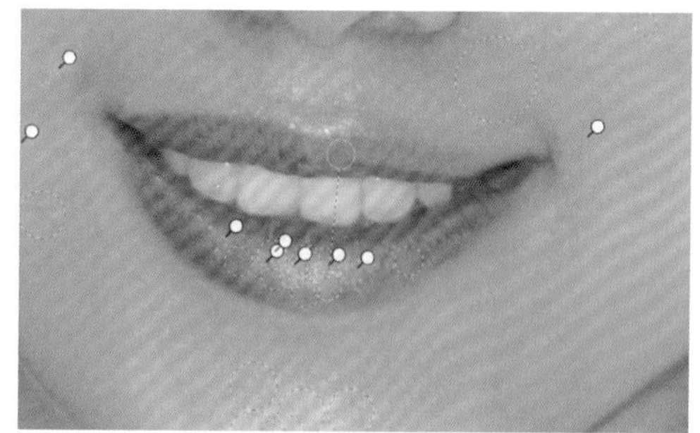

3. 修复阴影

人物鼻子上的阴影太难看了，虽然不能将它去除（通过 ACR 完全去除它不太现实，PS 中还是有精准方法的，但是太难），但是我们可以减弱它！选择和污点去除紧邻的“调整画笔”工具——ACR 的区域调整大杀器！

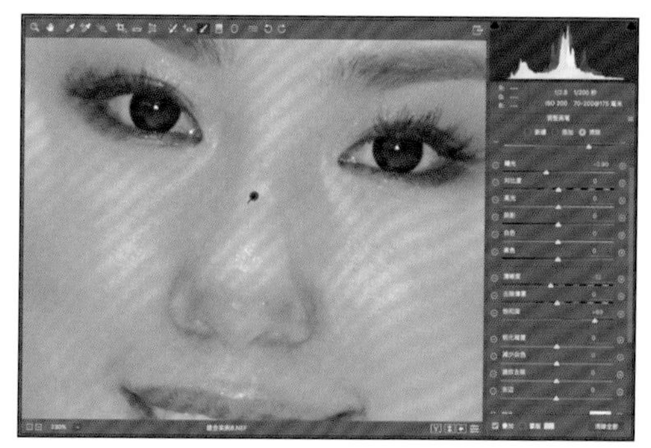

放大图片，让鼻子充满这个画面！然后调整画笔参数，将大小设置为 9、羽化 69、流动 86、浓度 50，并且勾选“自动蒙版”和下方的“蒙版”，之后对鼻子进行涂抹。

此时的绿色是因为蒙版提示，而非真的把鼻子染成绿色，现在取消选择“蒙版”，就能开始设置参数了。

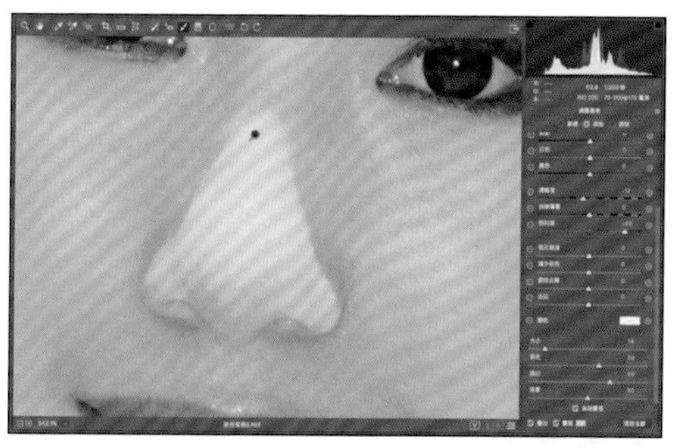

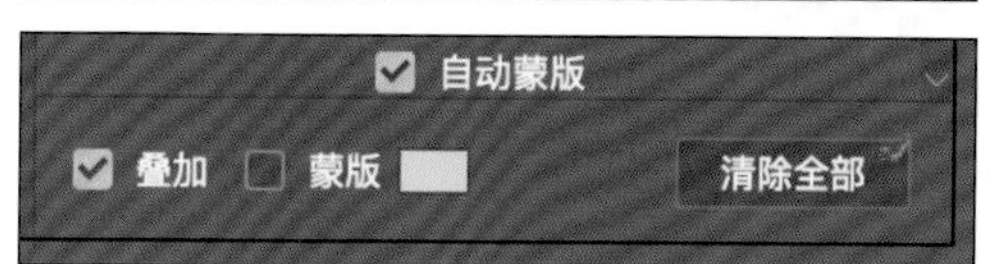

我将鼻子压暗，让它跟周围的皮肤颜色更加符合，使用的参数是：色温 +6、色调 +54、曝光 -0.45、清晰度 -12、饱和度 +69。

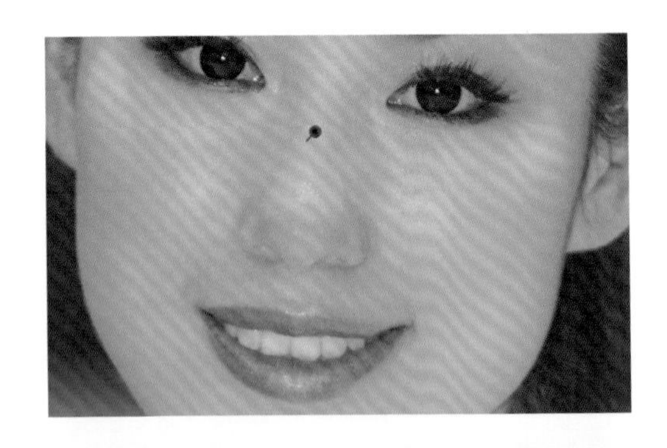

通过这一个调整就可以让人物脸上的阴影看上去好很多。但是，明暗交界的地方需要处理者的主观技巧，所以要多多练习哦！

4. 柔化皮肤

下面继续利用调整画笔做文章！在面板上方的模式栏选择“新建”，建立第二个调整画笔。其他参数保持不变，取消选择“自动蒙版”，在人物脸上建立选区。

此时的参数和上一个是一样的，我们不用一个个归零，只需要在“调整画笔”右侧的“四道杠”菜单出单击，选择“重置局部校正设置”，就能将它们归零，现在我继续选择，最终的区域如下。

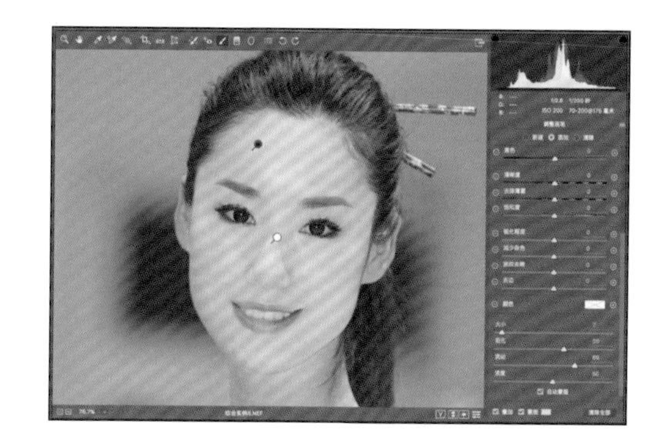

这个选区是用来柔化皮肤的，设置的参数是阴影 +100、清晰度 –66。现在取消勾选“蒙版”，来看看敷了面膜的人物皮肤变得多嫩滑吧！

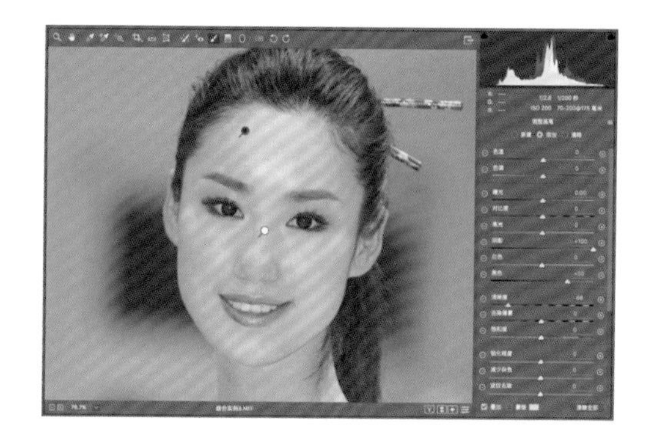

5. 锐化眼睛

再点击“新建”，然后在下方勾选“自动蒙版”！因为眼睛和眉毛需要自动蒙版的选择，所以这个选项在调整画笔里尤为重要！！！！！

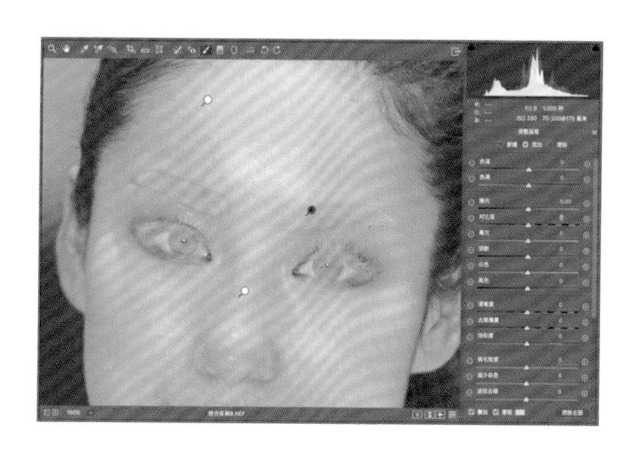

然后对眼睛和眉毛区域进行涂抹，为了让眉眼更加突出，我选择的参数是：对比度 +48、阴影 +20、清晰度 +38、锐化程度 +26，而锐化的眼睛出现了一些噪点，所以我还将减少杂色设置到 +35。

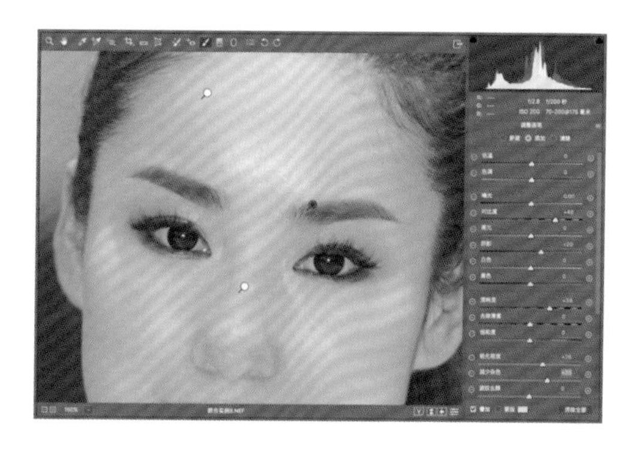

6. 修饰头发

由于灯光问题，人物头发有些偏青色，所以……下面的剧情大家应该知道了：新建调整画笔，然后保持“自动蒙版”勾选，在人物头发上进行涂抹，使用参数：清晰度 +34、饱和度 –63，这样可以让头发更锐利，同时更乌黑。

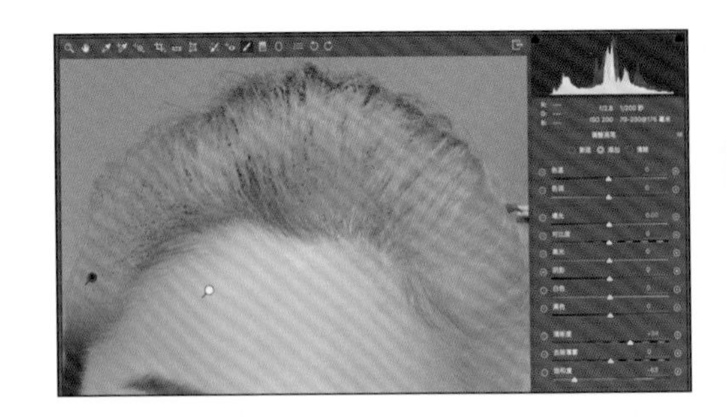

这一套局部处理下来，基本上人物处理已经完成了 80% 了！

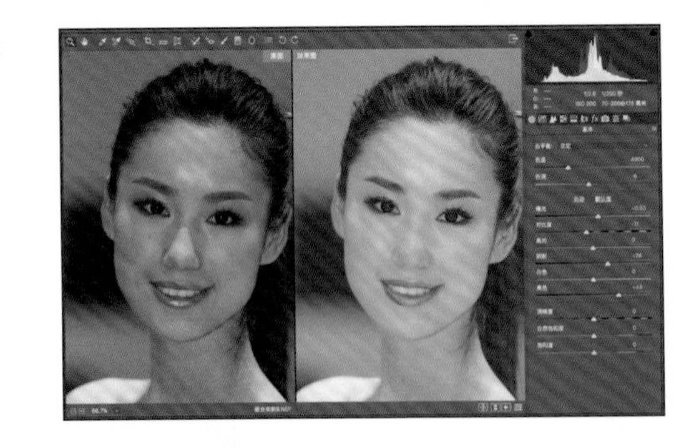

7. 你可以继续

此时你还可以建立更多调整画笔，让人物鼻子更自然，因为都是微调，而且每张照片情况不一样，我这里就不一一列举了，主要是对鼻子的阴影衔接进行修饰，我多用了两三个调整画笔。

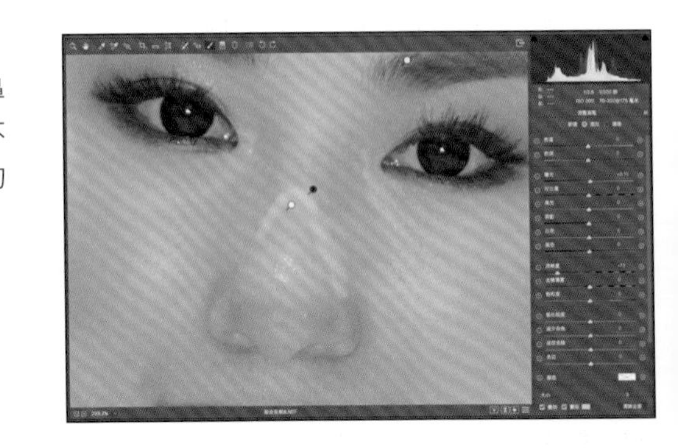

8. 最终修饰

此时你还可以对照片进行进一步处理，比如修复胳膊上的瑕疵，或者是调整整体曝光等参数，这就看你自己的喜好了。

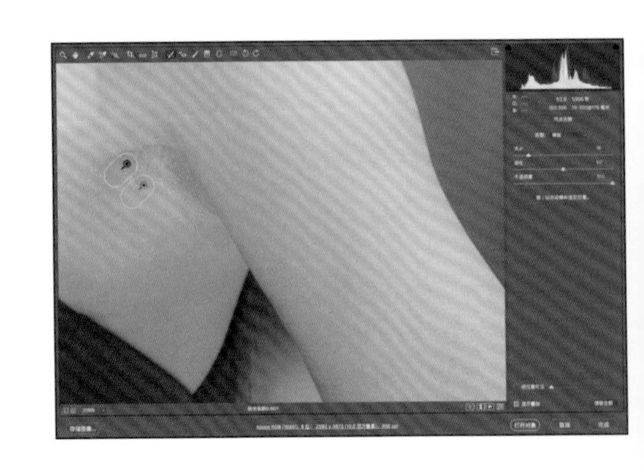

14.8 一张照片拥有多种处理效果

使用快照功能拓展思路，一张图片同时保留多种处理方法

你每天可能都会拍摄几百张照片，每天都会经历几百个实战训练。即便是同一张照片，也可能会有很多种修图的思路，ACR 不仅是“一锤子买卖”，你可以在其中将一张照片修成不同效果，然后保存为“快照”，这个例子，我们就来讲讲这个操作。

处理照片跟谈恋爱一样，当你按照一个思路调整下去，很难产生别的思路，因为付出越多，你越希望修到最完美。但是你在不同情况下，对“完美”的定义是不同的，一张照片无法 100% 完成完美。

很多人不想推倒重来，那样你可能会丢掉原来的处理效果，今天我来教大家的是：处理一张照片，将所有处理步骤储存为一个“快照”——也就是一套参数，然后当你有新想法的时候重新处理这张照片，再保存一个“快照”，也就是在一个 Raw 格式文件中保存多套参数，有点像和多个女孩谈恋爱，但是修照片，要安全很多！修图修到最后，你会发现限制你的只有你自己，因此，练熟了技巧之后就解放你自己的思维吧！

详细操作

1. 基础调整

在 Photoshop 中打开一张 Raw 格式的照片，此时 ACR 会自动弹出，我看到这张照片，想试试色彩比较夸张的效果，再试试黑白。不过在按照自己思路调整之前，先要进行一些基础调整。

在基本面版中，我将色温调整到 7800，让照片色调更接近拍摄时候的蓝调，然后设置曝光参数：对比度 +26、阴影和黑色 +100，并将自然饱和度和饱和度调整到 +13 和 +35。这时候照片的暗部细节和颜色我认为已经符合基本要求。

2. 储存第一个快照

现在我们跟第一个女孩谈恋爱——储存第一个快照。选择 ACR 面板栏最后一个图标：快照。点击界面右下方，垃圾桶旁边的“新建快照”按钮。这个揭起一角的方形，在 PS、ACR 的任何界面都代表“新建”。

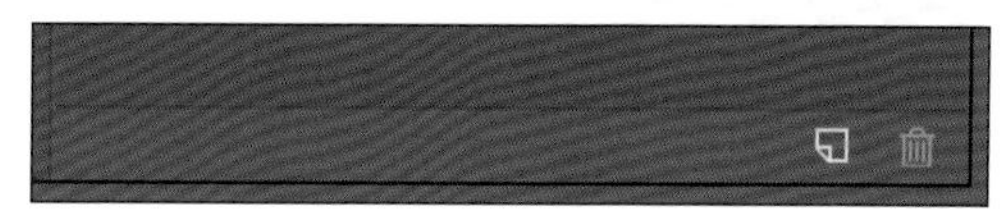

点击后，在弹出的“新建快照”界面中输入你喜欢的名字，我给这个调整命名为“常规效果”，然后点击“确定”储存。

这是后在快照里就有了一个选项：常规效果。

3. 继续调整

在储存好快照之后，你可以在此基础上继续调整，或者将参数归零，重新调整，现在我选择继续调整。

首先我在“曲线”面板的“点曲线”子面板，调整红色、蓝色曲线的形态，来增强照片亮部的红色和暗部的蓝色表现（本次将快照，这些细节操作就不详说了，可以查看本文最后的知识链接，查看曲线的具体用法）。

接下来，我回到“基本”面板，在刚才参数的基础上，将高光调整为 -34，把清晰度设置为 +53，这就得到了我想要的第二个效果。

4. 储存第二个快照

得到了第二个效果，我再次进入“快照”面板，此时里面已经有一个“常规效果”了，现在再次点击“新建快照”按钮，建立一个名为“曲线调整”的快照。

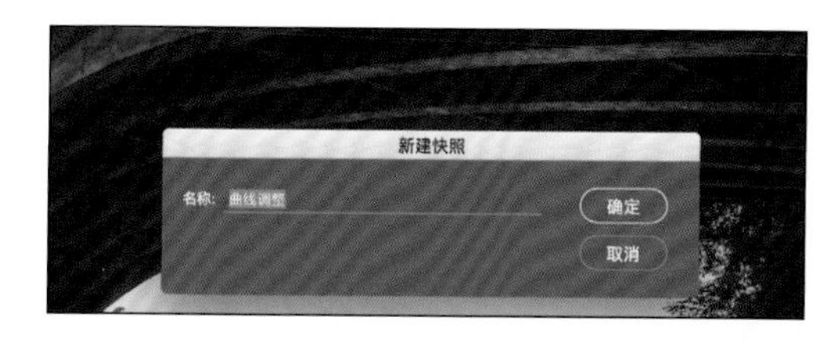

这时候快照面板里就有两套参数了，一套是最常规的调整，另一套是稍加创意的曲线调整。

5. 推倒重来

现在点击“常规效果”，回到我处理的第一套参数，然后我们在此基础上继续处理，这一次我尝试了黑白效果。首先我在“HSL/ 灰度”面板里将照片转换为黑白，然后调整橙色、黄色和蓝色，让效果更出色。

接下来来到“效果”面板，提高“去除雾霾”的值，然后利用“剪裁后晕影”给照片加入暗角，来增强黑白的复古气氛。

6. 第三个快照走起

再次进入“快照”面板，然后按照之前的操作，建立第三个快照，起名叫“黑白效果”。

现在我这一张照片里就有三套参数了，一套常规、一套曲线调整和一套黑白效果，点击名称就可以直接应用这套参数，快速调整为这种效果，所以这个功能叫做“快照”。

7. 再来一个

在黑白效果基础上，我使用“色调分离”在黑白照片中加入一些颜色，再回到“快照”面板储存一个“色调分离”快照。

我就不继续再处理了。当你对一张照片有感觉，可以处理非常多的效果，现在我处理了四个效果。

8. 分别导出

此时你就可以选择自己喜欢哪个效果，并将其导出为 JPEG 文件来分享了，或者是在这些处理的基础上继续进行调整。这时候你就可以得到：原有没有收到任何损坏的 Raw 文件、记录了 4 套参数的 .xmp 文件以及应用了参数的 JPEG 文件了！

只要你保存着 .xmp 文件（请将它和 Raw 文件放在同一个目录下），再次打开这张照片的时候，快照还是存在的，你可以在快照面板，或者图片设置菜单中找到它们，并且进行快速切换。你无须损失任何之前的调整，就能获得多套参数。

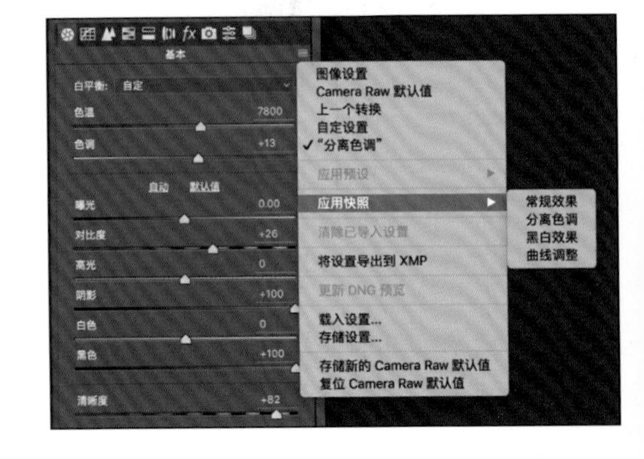